走进大学
DISCOVER UNIVERSITY

什么是
海洋工程？

WHAT
IS
OCEAN ENGINEERING

U0244449

柳淑学　李金宣　编著

大连理工大学出版社
Dalian University of Technology Press

图书在版编目(CIP)数据

什么是海洋工程？/ 柳淑学，李金宣编著. --大连：
大连理工大学出版社，2021.9
ISBN 978-7-5685-2999-0

Ⅰ. ①什… Ⅱ. ①柳… ②李… Ⅲ. ①海洋工程—普
及读物 Ⅳ. ①P75-49

中国版本图书馆 CIP 数据核字(2021)第 071869 号

什么是海洋工程？   SHENME SHI HAIYANG GONGCHENG?

出 版 人：苏克治
责任编辑：于建辉   周   欢
责任校对：王   伟   李宏艳
封面设计：奇景创意

出版发行：大连理工大学出版社
　　　　（地址：大连市软件园路 80 号，邮编：116023）
电　　话：0411-84708842（发行）
　　　　0411-84708943（邮购）   0411-84701466（传真）
邮　　箱：dutp@dutp.cn
网　　址：http://dutp.dlut.edu.cn

印　　刷：辽宁新华印务有限公司
幅面尺寸：139mm×210mm
印　　张：4.75
字　　数：72 千字
版　　次：2021 年 9 月第 1 版
印　　次：2021 年 9 月第 1 次印刷
书　　号：ISBN 978-7 5685-2999-0
定　　价：39.80 元

出版者序

　　高考，一年一季，如期而至，举国关注，牵动万家！这里面有莘莘学子的努力拼搏，万千父母的望子成龙，授业恩师的佳音静候。怎么报考，如何选择大学和专业？如愿，学爱结合；或者，带着疑惑，步入大学继续寻找答案。

　　大学由不同的学科聚合组成，并根据各个学科研究方向的差异，汇聚不同专业的学界英才，具有教书育人、科学研究、服务社会、文化传承等职能。当然，这项探索科学、挑战未知、启迪智慧的事业也期盼无数青年人的加入，吸引着社会各界的关注。

　　在我国，高中毕业生大都通过高考、双向选择，进入大学的不同专业学习，在校园里开阔眼界，增长知识，提

升能力，升华境界。而如何更好地了解大学，认识专业，明晰人生选择，是一个很现实的问题。

为此，我们在社会各界的大力支持下，延请一批由院士领衔、在知名大学工作多年的老师，与我们共同策划、组织编写了"走进大学"丛书。这些老师以科学的角度、专业的眼光、深入浅出的语言，系统化、全景式地阐释和解读了不同学科的学术内涵、专业特点，以及将来的发展方向和社会需求。希望能够以此帮助准备进入大学的同学，让他们满怀信心地再次起航，踏上新的、更高一级的求学之路。同时也为一向关心大学学科建设、关心高教事业发展的读者朋友搭建一个全面涉猎、深入了解的平台。

我们把"走进大学"丛书推荐给大家。

一是即将走进大学，但在专业选择上尚存困惑的高中生朋友。如何选择大学和专业从来都是热门话题，市场上、网络上的各种论述和信息，有些碎片化，有些鸡汤式，难免流于片面，甚至带有功利色彩，真正专业的介绍文字尚不多见。本丛书的作者来自高校一线，他们给出的专业画像具有权威性，可以更好地为大家服务。

二是已经进入大学学习，但对专业尚未形成系统认知的同学。大学的学习是从基础课开始，逐步转入专业基础课和专业课的。在此过程中，同学对所学专业将逐步加深认识，也可能会伴有一些疑惑甚至苦恼。目前很多大学开设了相关专业的导论课，一般需要一个学期完成，再加上面临的学业规划，例如考研、转专业、辅修某个专业等，都需要对相关专业既有宏观了解又有微观检视。本丛书便于系统地识读专业，有助于针对性更强地规划学习目标。

　　三是关心大学学科建设、专业发展的读者。他们也许是大学生朋友的亲朋好友，也许是由于某种原因错过心仪大学或者喜爱专业的中老年人。本丛书文风简朴，语言通俗，必将是大家系统了解大学各专业的一个好的选择。

　　坚持正确的出版导向，多出好的作品，尊重、引导和帮助读者是出版者义不容辞的责任。大连理工大学出版社在做好相关出版服务的基础上，努力拉近高校学者与读者间的距离，尤其在服务一流大学建设的征程中，我们深刻地认识到，大学出版社一定要组织优秀的作者队伍，用心打造培根铸魂、启智增慧的精品出版物，倾尽心力，

服务青年学子,服务社会。

　　"走进大学"丛书是一次大胆的尝试,也是一个有意义的起点。我们将不断努力,砥砺前行,为美好的明天真挚地付出。希望得到读者朋友的理解和支持。

　　谢谢大家!

2021 年春于大连

前　言

海洋孕育了人类生命，也提供了人类发展所需的生物、矿物、能源和空间资源，充分开发和利用这些资源，是人们过去、现在和未来不断追求的目标。作为海洋资源开发的基础和支撑，海上工程、设备和设施的建设，促进了海洋工程科学技术的形成和发展。

本书主要内容包括：海洋工程学科的由来；影响海洋工程的环境因素；基于开发和利用的资源不同，海洋工程所涵盖的建设内容和分类；目前国内高校所设立的与海洋工程相关的专业、课程以及学习方法等；海洋工程行业的发展机遇和就业前景。

海洋强国建设已成为我国的国家战略,海洋工程行业未来大有可为,希望本书能够为有志从事海洋工程的年轻人提供帮助和指引。

编著者
2021 年 4 月

目　录

初识海洋工程 / 1

海洋是巨大的资源宝库 / 1

海洋工程是海洋资源开发利用的基础 / 3

海洋工程的历史与现状 / 5

古代故事中的海洋工程 / 5

海洋工程的兴起 / 5

古今海上丝绸之路 / 8

南海是我国的固有领海 / 9

海洋工程做什么? / 11

影响海洋工程建设和运营安全的因素
——海洋环境 / 11

风 / 12

波浪 / 15

海流 / 20

地震 / 22

海冰 / 23

海洋（海岸）工程的分类 / 25

海上航运基地——港口、航道工程 / 27

海岸的利用和保护——海岸防护工程 / 32

江河入海的优化——河口治理工程 / 37

人类空间资源的拓展——人工岛工程 / 43

海滨休闲娱乐之地——游艇基地 / 47

海上清洁能源——海洋能利用工程 / 49

跨海交通工程——跨海桥隧和轮渡工程 / 59

船舶和海上装备基地——修造船和海洋开发设施

基地工程 / 65

海上农业基地——海洋牧场 / 67

海洋油气资源开发平台——海洋平台 / 70

海上油气资源的运输——海底管线 / 80

探索深海的利器——深潜器 / 82

海洋工程相关专业图谱 / 85

国内高校有哪些涉海专业？ / 85

国内高校海洋工程相关专业设置 / 86

与海洋工程相关的专业概况 / 86

海洋工程相关专业的培养目标 / 89

海洋工程专业课程设置情况 / 90

海洋工程专业毕业生应具备的素质 / 96

如何学好海洋工程专业？ / 98

课堂学习 / 99

参与讨论 / 99

实践锻炼 / 100

课外学习 / 101

交叉创新 / 102

海洋工程行业的发展和机遇 / 104

发展的未来——国家海洋战略 / 104

海洋资源开发利用面临的问题 / 106

海洋工程科技创新发展——走向海洋的基础 / 108

海洋工程装备和技术创新是有效进行海洋资源开发
利用的基础 / 108

海洋工程装备和技术创新是建设海洋生态文明的
重要支撑 / 109

海洋工程装备和技术创新是海洋权益保护的
坚强后盾 / 109

海洋工程行业的发展前景 / 110

蓬勃发展的海洋工程现代化 / 111

海洋资源利用创新技术 / 113

海上生活空间利用新概念 / 115

极地海洋工程 / 119

海洋工程基础理论的创新 / 120

就业前景 / 123

选择海洋工程专业的理由 / 123

前景光明的行业 / 124

多学科融合的学科 / 124

继续深造机会多的行业 / 125

"历久弥香"的职业 / 125

彰显个人成就感的职业 / 125

毕业生的就业方向 / 126

从事行业管理方面的工作 / 127

从事设计、建造和制造方面的工作 / 128

从事教学和科学研究等方面的工作 / 129

后 记 / 130

参考文献 / 132

"走进大学"丛书拟出版书目 / 135

初识海洋工程

海纳百川，有容乃大。

——林则徐

地球是人类赖以生存的家园，可以为我们提供生存、发展所需的各类资源，其中约占地球总面积71%的海洋，是一个巨大的资源宝库。人类对于海洋资源的探索、开发和利用促进了海洋工程的形成，也发展出了不同的海洋资源利用行业。

▶▶海洋是巨大的资源宝库

海洋蕴藏的资源种类繁多，对人类的生活和经济建设有着极其重要的作用。总的来说，海洋资源可以分为生物资源、矿物资源、新能源和空间资源等。

随着全球人口增长,陆地粮食资源已很难满足需求,海洋生物蕴含着丰富的蛋白质,已成为食品的重要来源,是人类生活不可或缺的组成部分。

海底蕴藏着石油、天然气等多种资源,已探明数据表明,海洋油气资源储量约占全球油气资源总量的三分之一,近几年新增的石油储量中,海洋的石油储量占比超过60%。我国海洋石油资源量占全国石油资源总量的23%,海洋天然气资源量占全国天然气资源总量的30%。尤其是南海,油气资源尤为丰富,被誉为"第二个波斯湾"。海洋油气资源已成为主要的能源来源之一,其开采已成为新兴产业。海洋同时蕴藏着大量的锰、钴、镍、铜等矿物质,其资源总量远超相应的陆地资源量,海洋中蕴藏的稀有金属是人类社会发展极其重要的资源。

海水本身也具有重要的开发价值,比如海水淡化后可作为重要的淡水资源。从海水中可以提取铀和重氢等,它们是重要的核能原料。海水可以制盐,是盐产品的主要来源。

海洋中的风、潮汐、海流、波浪以及海水的温差、盐度差等也蕴含着巨大的能量,是可再生洁净能源,都具有可开发利用的价值,已成为海洋开发的热点。

另外,世界上的货运主要靠海运,海上船舶交通运输也早已成为保障世界经济运行的动脉之一。

自古以来,人类就一直在进行海洋资源的开发和利用。但在20世纪50年代以前,对海洋资源的开发和利用以海上航运、渔业捕捞、海水制盐等产业为主。从20世纪下半叶开始,世界上许多沿海国家纷纷划定200海里的专属经济区,竞相开发海洋资源。除了传统的产业外,人们也开始进行大规模的海岸带资源的开发和利用。对海上油气资源的开发也由近岸浅水向深水发展。人们确信,海洋中资源丰富,是人类未来发展赖以生存的资源宝库。

▶▶海洋工程是海洋资源开发利用的基础

俗话说"上天入地",这反映了人们对探索和利用外太空与深地未知世界的渴望。如今还应加上"潜海"。进入海洋,探索海洋中的秘密,实现海洋资源的有效开发,充分利用海洋宝库中的资源,亦已成为人类长期的理想。

要实现这一理想,在海上采取一定的工程措施,用于支撑海洋资源的开发和利用,是必由之路。比如,修建港口、码头,用于船舶的装卸和作业,进而服务于海上运输

业的发展。再比如,修建海上采油平台设施,用于海底油气资源的开发等。目前,海洋资源利用已发展出不同的行业,如海洋渔业、海洋交通运输业、海洋油气业、海洋能利用业、海盐及盐化工业、海滨旅游业、海滨砂矿业以及海水直接利用业等。随着行业的逐步发展,海洋工程学科和相关专业应运而生。

海洋工程是指应用有关科学和技术,为实现海洋资源开发利用所形成的综合技术科学,也可以指为开发利用海洋资源而建造的各种建筑物或采取的其他工程设施和技术措施。考虑到在海洋中,从近岸到深海,所处的环境不同,工程建设的目的不同,在工程建设中采取的工程措施不同,人们将海洋工程根据离岸的距离细分为海岸工程、近海工程和深海工程,其涵盖的范围很广泛。通俗地讲,人类涉海的工程建筑均可称为海洋工程。因此,海洋工程的建设是人们有效开发利用海洋资源所必须开展的、重要的基础性工作。

海洋工程是为海洋资源开发利用服务的,是开发利用海洋资源的设施、手段和途径,因此海洋工程科技人员是人类向海洋进军的先锋队和铺路人。进行海洋工程设施的设计和建设,会涉及各种学科的专业基础知识,很多工程的设计和建造需要多学科的交叉和融合。这里主要还是从工程的角度来介绍常见的海洋工程建设所涉及的内容和应考虑的因素，以及海洋工程相关学科专业的设置和学习情况，供读者参考。

▶▶海洋工程的历史与现状

➡➡古代故事中的海洋工程

在古代，科学技术不够发达，人们对辽阔深邃的海洋知之甚少，心中充满了敬畏和迷惘，也产生了无限的遐想。吴承恩在《西游记》中就曾描绘出宏大的"海底城市"水晶宫，"精准"的水深测量工具如意金箍棒，还有"先进"的潜航手段避水诀，反映了其对探索海底神秘世界的渴望。而寓言故事"精卫填海"则更是体现了人们改造海洋、与大海抗争的决心和气魄。图1为现代版"精卫填海"。

➡➡海洋工程的兴起

海洋工程伴随人类文明发展已经有几千年的历史。早在公元前1 000多年，地中海沿岸已经出现海上船舶的停泊区，并砌石堤对其加以防护，这也是现代港口的雏

图 1　现代版"精卫填海"

形。中世纪初期,荷兰开始建造海堤并围垦海涂造地,以便利用海洋空间资源。我国古代为大陆型国家,对海洋的大规模开发和利用相对较晚。但随着经济交流的活跃,到战国时期,沿海地区已经出现小型的海港。自东汉以来,为了防止海水冲毁良田,相继修建了一定规模的海堤,如钱塘江海堤、浙东海堤、闽越海堤等。到唐代,已建成的海堤长达数千米。长江以南和江浙一带也称其为海塘。图2为古代海塘。

范公堤是我国古代海岸工程的典型代表,由北宋政治家、文学家范仲淹主持修建,并因此而得名。该堤高约

图 2　古代海塘

5米,堤底宽约10米,堤面宽约3米,在河堤底部用砖头、石头围衬,而且在堤里侧种柳树、植草皮,加固堤防,体现了古人完善的施工技术,以及工程与自然融合统一的理念,该设计理念在目前看来仍十分先进。

另外,较早利用海洋资源的途径是用简单的工具在近海捕捞鱼虾等海产品、通过日晒制盐等,后又实现了海上运输,从而逐渐形成了海洋渔业、海洋盐业和海洋运输业等传统的海洋资源开发利用的产业。

海洋工程作为一个专业术语,是在 20 世纪60 年代才开始使用的。随着海洋石油和天然气等资源的开发利用

越来越受到重视,海洋资源开发技术和工程施工难度逐渐复杂,海洋工程的相关科学和技术内容也逐步建立起来。而在近岸区域,随着海洋运输业和社会经济的快速发展,海港工程、海岸防护、围填海、环境保护等工程也得到了很大的发展。20世纪50年代,海岸工程作为单独术语开始使用,并逐渐形成系统的学科体系。

20世纪后期,世界人口快速增长,经济快速发展,对食物、能源等资源的需求量也急剧增加,激发了人们探索、开采和利用各种海上资源的巨大热情。涉海工程也从近岸向深海发展,工程范围由最初的水深几米、几十米的沿岸海域很快发展到了水深300米的大陆架海域,直到现在的水深几千米的海域。海岸、近岸和深海工程高度融合交叉,因此新型的海洋工程涵盖了海上所有的工程领域。

➡️➡️古今海上丝绸之路

人们充分利用海洋空间资源最具代表性的是古代海上丝绸之路的建设。古代海上丝绸之路是古时中国与其他国家和地区进行贸易和文化交往的海上通道,也称"海上陶瓷之路"和"海上香料之路"。古代海上丝绸之路萌芽于商周,发展于春秋战国,形成于秦汉,兴于唐宋,转变于明清,是已知的最古老的海上航线。

古代海上丝绸之路的重要节点是港口,其发展也加速了人类港口工程的建设。古代海上丝绸之路在我国境内由广州港、泉州港和宁波港三大主要港口和其他支线港口组成。其中泉州港被认为是古代海上丝绸之路的起点,自唐代起一直是我国重要的对外贸易港口,到两宋时期一度成为东亚第一大港。从已发掘的码头、沉船遗迹可以看出,当时港口工程和造船业已经很发达了。

2013 年 10 月,我国提出建设"21 世纪海上丝绸之路"的合作倡议,借用古代海上丝绸之路的历史符号,为其注入了新的内涵。共建"21 世纪海上丝绸之路",其中的重要建设内容就是完善和加强区域国家和地区的基础设施建设,建立并完善基础设施互联互通,开拓港口、海运物流和临港产业等领域的合作,积极发展区域国家和地区之间的海洋合作伙伴关系。这是新时期我国发展海洋事业、繁荣海洋经济、建设海洋强国的重要举措,也为海洋工程科技人员带来了新的发展机遇。

→ → 南海是我国的固有领海

南海海域辽阔,渔业和油气资源丰富。千百年来,我

国南部沿海渔民便在这片海域劳作，最迟自唐宋以来就一直在南沙群岛及其附近海域从事捕捞、养殖等生产经营活动。晋代的裴渊在《广州记》中对中国渔民在南海捕鱼和采珊瑚做了记录。明清以来，海南岛文昌、琼海等地的渔民经常于每年冬季利用东北信风南下至南沙群岛及其附近海域捕捞作业，至第二年台风季节到来之前利用西南信风北返。中国渔民在南沙群岛居住并从事捕捞、养殖等生产活动，从自发到有组织，得到了政府的准许和支持。

时至今日，我国对南海的开发和保护尤为重视，对南海海域内水文资料进行了系统的观测和分析，在岛礁建设了大量海洋工程建筑物，方便了周围海域渔民和来往商船，也保卫了国家领土完整。其中，海洋工程技术和设备的完善，是南海建设顺利进行的重要保障，也凸显了我国海洋工程的实力。但是岛礁一般是由珊瑚礁组成的，而且该海域地形条件比较复杂，因此岛礁工程与传统的海岸工程不同；同时，在岛礁工程建设的过程中也要注重对岛礁环境的保护，因此大规模进行南海岛礁工程建设还有很多值得研究的课题，这也为海洋工程技术人员提供了施展才华的广阔平台。

海洋工程做什么？

可上九天揽月，可下五洋捉鳖。

——毛泽东

海洋工程是海洋资源开发利用的基础，由于人们开发利用海洋资源的目标不同，海洋从海岸到近海、再到深海，所处的环境也不同，因此需要建设不同的工程设施来满足不同的目的。当然，要在海上建设工程，首先需要了解影响海洋工程建设的各种环境因素。

▶▶影响海洋工程建设和运营安全的因素
　　——海洋环境

海洋环境非常复杂，要在海上建造安全可靠的海洋工程建筑，首先需要了解影响海洋工程建设和运营安全的环境因素有哪些。掌握这些环境因素的变化规律，才

能在进行海洋工程设计、建造和使用过程中充分考虑这些环境因素的影响,进而在采取相关工程措施时做到有的放矢。总体来讲,海洋中影响海洋工程的环境因素主要有风、波浪和海流。而对于易发生地震的地区,还要考虑地震的影响。而在北方冰冻地区,也要考虑海冰的作用。

➡➡风

风是人们很熟悉的一种自然现象。对于暴露在风中的任何物体,风都会对其产生作用,对于水面上的海洋工程结构,也不例外。风产生的荷载是其主要环境动力荷载之一,因此海洋工程设计和建设必须要考虑风的影响。

要在工程设计和建造中考虑风的影响,首先需要了解风的变化特性。总体来讲,风是随季节变化的。中国东部沿海的季风气候可分为热带季风气候、亚热带季风气候和温带季风气候。春夏时节,西北太平洋和印度洋的副热带高压影响中国沿海,东南季风和西南季风覆盖沿海地区,偏南季风在没有强对流天气时风力较弱。秋冬时节,西伯利亚地区有冷高压存在,冷空气南下,此时西北季风控制中国大部分沿海地区。

描述风的主要参数是风速和风向,常常是以离地或海面高度为 10 米处的风速作为标准风速。在台风天气下,风速一般为每秒 30～40 米,有时甚至为每秒 50～60 米。为了使人们更容易理解,也用风级来表示。表 1 为蒲福风级表。天气预报中涉及风时便是采用风级来表述的。

表 1　蒲福风级表

蒲福风级	名称	10 米处的风速/（米/秒）	浪高	海面状况	陆地物象
0	无风	0～0.2	—	平静	静,烟直上
1	软风	0.3～1.5	0.1	微波峰无飞沫	烟示风向
2	轻风	1.6～3.3	0.2	小波峰未破碎	感觉有风
3	微风	3.4～5.4	0.6	小波峰顶破裂	旌旗展开
4	和风	5.5～7.9	1	小浪白沫波峰	吹起尘土
5	清风	8.0～10.7	2	中浪折沫峰群	小树摇摆
6	强风	10.8～13.8	3	大浪白沫离峰	电线有声
7	疾风	13.9～17.1	4	破峰白沫成条	步行困难
8	大风	17.2～20.7	5.5	浪长高有浪花	折毁树枝
9	烈风	20.8～24.4	7	浪峰倒卷	小损房屋
10	暴风	24.5～28.4	9	海浪翻滚咆哮	拔起树木
11	狂风	28.5～32.6	11.5	波峰全呈飞沫	损毁重大
12	飓风	32.7～36.9	14	海浪滔天	摧毁极大

　　风对于海上工程结构的作用,取决于风速的大小和工程结构物的尺度大小以及风相对于结构物的作用方向。不同海区的风速和风向是不同的,而且风速和风向是常年变化的量。因此要得到可用于工程设计的风速、风向参数,需要进行风速和风向的长期观测,利用统计学的理论进行分析,找到各种方向、不同重现期的风速。重现期是指对于某一特定风速,从概率的角度讲,平均多少年发生一次。采用重现期的概念,是因为风速的大小是变化的,而且每年最大的风速也是无法预知的,因此设计建筑物时,要考虑建筑物的重要性确定风速的设计标准。这个设计标准是很重要的指标,不同等级和重要性的建筑物,重现期可以取不同的值。其含义是,当建筑物遇到超过设计重现期标准的风作用时,可允许建筑物有一定的损害,但是其损害程度应在可控的范围内,比如说,建筑物的整体应保持完好,只要稍加修复即可使用。这也是我们常说的防灾减灾的概念。也就是说,设计工程建筑物时,不能一味地追求建筑物在任何情况下都不被破坏,而是允许在极端环境条件下,将发生灾害造成的损失降到最小。这种概念在后面讲到的其他环境因素时,也有类似的考虑。

为了得到工程设计和建设所必需的设计参数,国家在沿海区域建立了大量的气象观测站,用以观测当地的风速和风向,以了解沿海各区域的风速情况。尤其是需要关注极端天气,如台风对工程结构物的影响。台风风速往往对建筑物的安全起到控制性的作用。因此在进行海上工程设计时,应合理根据当地的风速条件进行风对工程结构物的作用分析。

➡➡波浪

在海上波浪是时时存在的,波浪对于海上工程结构物的作用,是影响结构物安全最主要的动力因素之一,尤其是台风等极端天气情况下,极端海况的波浪可以对结构物的使用和安全造成很大的影响。因此作为海洋工程专业的技术人员,了解波浪的生成机理、传播特性和水动力特征就显得非常重要。

海浪一般是由风作用于海面形成的。在特定的海区,波浪的大小取决于风速的大小、风作用海区的大小和风持续作用的时间,也就是决定海上波浪大小的三要素,即风速、风区和风时。很明显,风速越大,产生的波浪越大;在相同风速情况下,风区越大,风时越长,产生的波浪也越大。

风直接产生的波浪称为风浪。人们常见的风浪，根据波浪的波面形状特性，有不同的名称。风停止后，海上仍然存在波浪，这些波浪会在重力的作用下向前传播，传播一段距离和时间后，会逐渐趋向于向同一方向传播，称为长峰波或涌浪。涌浪是一排排波峰线很长的波，不断向前传播。根据波面情况又进一步分为规则波和不规则波。而海面上既有远方传来的涌浪，又有风在该海域产生的风浪，称为风涌混合浪。与长峰波对应的是短峰波。实际海面上风向的变化使得不同方向的风浪叠加在一起，波峰线较短，故称为短峰波。海面上看到的类似于一个个小鼓包形状的波浪，就是短峰波，也称为多向波浪。顾名思义，多向波浪是指由不同方向的波浪叠加在一起形成的波浪。

波浪从深水传向近岸岸边的过程中，会有一系列的变化，包括水面波浪形状的改变、波浪大小的变化等，尤其是波浪传播至岸边后，受到岸边地形的影响，会发生类似于光的折射、绕射、反射等现象。当水深较浅难以支持波浪传播时，波浪还会发生破碎，称为破碎波浪。人们在海边经常看到，远处水深较深的地方波浪不大，但是在岸边水深较浅的地方会有波浪破碎产生的白色浪花，就是这个原因。波浪的这些变化特征对近岸地形的变化和建筑物会产生不同的影响。图3为岸边波浪产生折射和破碎。

图3　岸边波浪产生折射和破碎

　　描述波浪大小的参数主要是波高和周期,波高表示水面波动中相邻的波峰与波谷间的垂直距离,周期是指两次波动之间的时间差。不同海区波浪特性不同,有的波高为6~7米,有的波高达10米,而在一些海洋风浪环境恶劣地区,台风情况下波高可达30米。与风一样,人们把波浪进行了分级,并给出了波浪等级和波浪大小的关系(表2)。同样,海上的波浪大小和传播方向是在变化的,它对于结构物的作用取决于波浪的大小和方向以及结构物的尺度。要了解某一海区的波浪特征,即波浪的大小和方向,亦需要进行长时间的观测。我国在沿海地

区建立了很多海洋观测站，可以持续观测波浪的大小和方向。根据这些波浪的观测数据，可利用统计学的方法

表 2　波浪等级表

等级	有效波高/米	名称	海况特征描述
0	0	无浪	海面光滑如镜
1	0 ～0.10	微浪	波纹
2	0.10 ～ 0.50	小浪	波浪很小，波峰开始破碎，但浪花不显白色
3	0.50 ～ 1.25	轻浪	波浪不大，但很触目，波峰破裂，其中有些地方形成白色浪花——白浪
4	1.25 ～2.50	中浪	波浪具有明显的形状，到处形成白浪
5	2.50 ～4.00	大浪	出现高大的波峰，浪花占了波峰上面很大的面积，风开始削去波峰上的浪花
6	4.00 ～ 6.00	巨浪	波峰上被削去的浪花开始沿波浪斜面伸长成带状
7	6.00 ～9.00	狂浪	风削去的浪花带布满了波浪斜面，有些地方到达波谷，波峰上布满了浪花层
8	9.00 ～14.00	狂涛	稠密的浪花布满了波浪斜面，海面变成白色，只在波谷某些地方没有浪花
9	14.00＋	怒涛	整个海面布满了稠密的浪花层，空气中充满了水滴和飞沫，能见度显著降低

来分析、确定不同方向和重现期的波浪参数,并将其应用于工程设计。针对不同海洋工程安全等级和重要性的要求,重现期的取值不同。海洋工程中常采用50年一遇或100年一遇的波浪参数作为工程设计的依据。当然对于一些重要的工程,如核电站配套工程,重现期会采用500年一遇的波浪参数。

另外,如果某一海区没有现场观测资料,那么可以利用气象资料,基于风作用于海面产生波浪的机理和能量守恒的原理,通过数学的手段来推算波浪的大小和方向。在进行波浪推算和分析时,对于受到台风侵扰的海区,还应特别关注推算台风浪的大小。

除了风可以产生波浪,海底地形板块的运动、地震等也可以产生波浪,即人们所称的海啸,是灾害性很大的波浪。近20年,全球发生了两起特别严重的海啸事件,2004年12月26日,印尼苏门答腊以北的海底发生里氏6.8级地震,引发海啸,造成22.6万人死亡。这是世界近200年死伤最惨重的海啸灾难。2011年3月11日发生在日本东部的大地震,也引发了巨大的海啸,海啸大小明显超过了沿岸的防护标准,对日本东北部地区造成了毁灭性破坏,并引发福岛第一核电站核泄漏,至今还未恢

复。因此对于会受到海啸影响的地区,如何预测波浪的大小、传播规律及其对于海洋工程结构物的作用(图4)和造成的灾害,也是海洋工程研究人员关心和研究的问题。

图4　波浪对于海洋工程结构物的作用

→→海流

除了风和波浪,海流也是影响海洋工程建设的重要环境因素。海洋水体实际上是一直流动的,这些水体流速的大小和方向也是随时间变化的。研究海洋生态变化时,特别是海上有污损事件发生破坏生态环境时,主要观测污染物质的扩散转移受海流等水动力的影响情况。掌

20

握这些情况,对海洋生态环境保护和工程建设是非常重要的。

受地球自转和天体运动的影响,全球海洋存在大洋流动。同时,受太阳和月亮等星体影响,大海上存在涨落潮运动,即潮汐运动。不同海区的潮汐变化不同,有些地方是半日潮,也就是每天有两次涨潮和两次落潮;有些地方是全日潮,也就是每天只有一次涨落潮。这些潮汐变化在近岸水域会形成潮流。而大部分的近岸水域的潮流以往复流为主,即涨潮和落潮时方向相反、交替变化。另外,正如在前面提到的,波浪在近岸传播过程中,会发生破碎,破碎的波浪也可以产生水体在沿岸的流动,称为沿岸流;有时还会产生离开岸边方向的流动,称为离岸流。所有这些流动的叠加,会在近岸水域形成相应的海流系统。

类似于风和波浪的作用,当海流作用于海上结构物的水下部分时,就会产生较大的海流力,这个海流力也会对海洋工程结构物造成较大的影响,因此海洋工程设计时必须要考虑海流的作用。类似风和波浪,描述海流的参数为流速的大小和方向。同样,海流对结构物的作用取决于流速的大小、方向以及结构物的尺度。要得到工

程设计所依据的海流参数，需要在工程建设区域选取具有代表性的位置进行流速的观测，通过相关分析理论，得到应用于工程设计的海流参数。

➡➡地震

前面讲到，地震可能引发海啸，对海岸工程建筑物会有很大的破坏作用。然而，地震本身也会对建筑物产生巨大的破坏作用。如1976年7月28日的中国唐山大地震，造成人员严重伤亡，70％～80％的建筑物倒塌；1995年1月17日的日本阪神大地震，造成神户港码头严重破坏。

当地震发生时，地震波引起土层和地面的强烈运动，其上边的建筑物及其周围土体随着土层和地面的运动而发生被迫振动。在振动过程中，振动的建筑物本身产生惯性力，同时水下建筑物还因为水体的振动产生的动水压力而受到不利影响。因此，海岸工程建筑物也不例外，对于可能发生地震的地区，必须要考虑地震的影响。

衡量一次地震的强烈程度，用地震震级来表示，这是根据地震时所释放的能量大小确定的等级标准；而地震所波及的地区叫"震区"，震区内某一地区的地面和各类建筑物遭受一次地震影响的强烈程度,用地震烈度来表示。在对建筑物进行设计时,需要确定工程所在地区今后一定时间内可能遭遇的最大地震烈度,即该地区的基本烈度。这个地区可能是一个范围较大的区域。在工程抗震设计中采用的地震烈度称为设计烈度。我国将抗震设防的起点定为基本烈度 6 度。对设计烈度小于 6 度的地区,不进行抗震设计,但在结构的构造上要采取必要的抗震措施,比如采用一些抗震性能好的结构形式。当设计烈度超过 6 度时,设计工程建筑物需要考虑地震荷载的作用,并据此进行建筑物安全设计,采取相应的抗震措施。

若要求建筑物受震后仍完好无损,则会大大增加建筑物的成本。地震属于偶然作用,出现的概率比较小,因此从经济的角度考虑,设计时可允许在地震时建筑物有一定损坏,但建筑物主体和相应的设备基本不损坏,经一般修理后仍可继续使用。当然,对于一些非常重要的建筑物,比如核电站及其相关工程设施,抗震的标准要求很高。

➡➡海冰

在冰冻区,比如我国的渤海湾地区,当进入冰冻期

时，海面产生海冰，海冰对于海洋工程结构物的作用，成为在冬季影响其安全的主要因素。由于海中的水体一直是流动的，因此海面上的冰块也会跟随运动，当遭遇到海中的海洋工程结构物拦截时，海冰滞留在结构周围，对结构产生挤压；或海冰直接撞击结构；或在建筑物上冻结，增大结构的尺度，因水位升降而产生竖向作用；或海水在建筑物的内部冻结，产生膨胀作用。图5为海冰推挤在建筑物上。

图 5 海冰推挤在建筑物上

可见，海冰对海洋工程结构物的作用是一个十分复杂的过程，而由于气温和环境条件不同，不同地区海冰本身的物理特性和力学特性也不同,因此工程设计时,首先要调查工程建设区域海冰的分布情况、海冰的特征等,用以确定海冰的相关参数,包括海冰的厚度、强度等,从而合理地进行海冰对于海洋工程结构物作用的分析和计算,保证建筑物在冬季的安全。

▶▶海洋(海岸)工程的分类

从科学和技术角度讲,海洋工程是指应用相关科学和技术,为实现海洋资源开发、利用所形成的综合技术科学,或指开发利用海洋资源所建造的各种建筑物或采取的其他工程设施和技术措施。从工程建设角度来讲,海洋工程是指以开发、利用、保护、恢复海洋资源为目的,建设位于海上的工程,包括新建、改建和扩建的工程。

一般认为海洋工程的主要内容可分为海洋资源开发技术与装备设施技术两大部分,具体包括:港口工程,海上堤坝工程,围填海和人工岛工程,海上和海底物资储藏设施,跨海桥梁和海底隧道交通工程,海洋油气资源勘探开发及其附属工程,海底管道工程,海上潮汐电站、波浪电站、温差和盐差电站等海洋能源开发利用工程,大型海水养殖场、人工渔礁等海洋牧场工程,盐田和海水淡化等

海洋工程做什么?

海水综合利用工程,海上娱乐及运动、景观开发工程等。总而言之,海洋工程可简单地理解为了达到开发、利用海上空间资源、生物资源、矿物资源、海洋能资源等目的或为了保护海岸、海洋生态环境和海洋资源等,在海上进行的工程建设项目,海洋工程是所有这些工程的总称。

由于认知和技术的原因,历史上开发、利用海洋资源的发展是从岸边向深海及远海推进的。不同水深的海洋环境特点不同,因此海洋工程常常根据工程距岸边的距离不同,分为海岸工程、离岸工程或近海工程、深海工程或深远海工程。同时针对所建设工程的目的不同,根据其功能,细化分为各类不同工程,比如港口工程、跨海大桥工程、护岸工程等。

对海洋资源宝库的探索、开发、利用是无止境的,海洋工程的发展也是与时俱进、紧跟时代发展需要的,会出现很多创新功能的海洋工程技术和设施。这里只是介绍目前比较常见的海洋建设工程,希望通过这些介绍,大家可以对海洋工程的基本建设内容、特点和应考虑的问题有所了解。

➡➡ 海上航运基地——港口、航道工程

海上航路已成为全球货物运输的主要方式之一，而港口是用于水上运输船舶装卸货物的基础设施，是交通运输的枢纽、水陆联运的咽喉。"21世纪海上丝绸之路"基础建设的内容之一就是沿线国家的港口工程建设，进一步开拓港口、海运物流和临港产业等领域的合作，使得"21世纪海上丝绸之路"走得更高效、顺畅。世界上著名的港口有荷兰的鹿特丹港、德国的汉堡港、日本的神户港等。我国已建设环渤海港口群、长三角港口群、东南沿海港口群、珠江三角洲港口群和西南沿海港口群等，包括上海港、香港港、深圳港、宁波港、青岛港、天津港、大连港等30多个港口。

港口工程对沿海的人们来说并不陌生。港口工程是港口建设的总称，也是海洋空间资源利用最常见的形式。港口工程的建设包括港口的规划和布置、港口水工建筑物的设计和施工。最原始的港口利用天然掩护的海湾，供较小的船舶停靠。但是随着航运业的发展，需要停靠的运输船舶越来越大，而且运输的货物区分也越来越细，天然的海湾早已不能满足船舶停靠的需要，必须针对不同货船兴建具有码头和装卸机具设备的人工港口。图6

海洋工程做什么？

为港口布置效果图。

图 6　港口布置效果图

　　不同船舶对码头的要求不同，港口按不同用途区分，有商港、军港、渔港等。商港是指用于商业货船停靠并进行货物装卸的港口。根据港口建设的靠船码头装卸货物的功能需要，又分为杂货码头、煤码头、油码头、集装箱码头、汽车码头、矿石码头等(图 7)。港口工程虽然与土木工程建设有很多相似的地方，但是由于其涉海，海洋中的波浪和海流等环境因素对海洋工程的作用需要考虑，从而带来很多需要特殊处理的问题，因此逐渐也形成了如道路工程、铁路工程等独立的学科。

图 7　正在进行集装箱装卸的港口

　　要建成一个优良的港口,从平面规划到水工建筑物的设计和施工,需要考虑的因素很多。首先,港口建设的规模需要考虑该港口所服务的陆域区域大小和经济规模、可能停靠的船舶大小和数量等,码头的长度、港口的水深需要考虑所服务的船型大小,港口的平面布置需要考虑使用要求和建港海区的风、波浪和海流等条件,尽量减小这些因素对港口建筑物安全和港口运营等的影响,以方便船舶进出港口和装卸作业。

在港口工程设计中，为了减小港口码头处的波浪，保持港区水域的平稳，确保船舶装卸作业的安全，作为港口建设的重要配套工程，还需要建设防波堤，用以掩护港口码头水域。防波堤从平面布置上可以分为两类：突出水面伸向水域与岸相连的防波堤称为突堤；修建于水中与岸不相连的称为岛堤。堤头外或两堤头间的水面称为口门。口门数和口门宽度应保证船舶进出港的航行安全、方便，同时考虑波浪作用时，船舶在港内停泊、进行装卸作业时水面的波浪大小。有时，防波堤也兼用于防止泥沙和浮冰侵入港内。也就是说，防波堤的建设与否、建设的规模大小取决于船舶装卸对于波浪大小的要求。采用的结构形式大体上分为直立式和斜坡式或二者的混合形式，具体形式需根据当地的水深、波浪和海流等条件，结合经济水平来确定。

另外，在港口建设中需要考虑的配套工程措施是航道的设计和建造。当然，如果天然水深满足船舶航行的要求，那么只要划定船舶入港的行进路线即可，但是一般近岸海域的水深较浅，对于大型的船舶，水深不满足船舶航行的要求，此时就需要在水底设计并开挖航道，以满足船舶进出港航行的需要。开挖航道的走向需要根据当地的风、波浪、海流等条件来确定。

港口工程设计时,码头是其中最主要的水工建筑物,其结构需要根据当地的海底地质条件选用合适的形式。地基基础较好、承载能力较强时,可以选用重力式结构,如沉箱或方块结构,即靠码头自身重力来达到稳定的要求,其特点是结构坚固耐久,抗冻抗冰性能好,承载能力强,结构形式简单,设计、施工经验也比较成熟,维修费用低,是工程中比较受欢迎的一种结构形式。水底地质条件复杂时,对于一些小型码头,可采用板桩结构,由连续打入地基一定深度的板形桩构成直立墙体,墙体上部一般用锚碇结构加以锚碇。对于海底软土层较厚且适合打桩的地基,可以采用高桩式结构,即采用系列长桩打入地基形成桩基础,上部采用梁和板结构形成码头地面。这三种结构形式都属于传统的码头结构形式。随着建港技术的发展,人们针对复杂环境条件,综合考虑不同结构形式的优点,也采用混合结构形式。

随着船舶运输业和造船技术的发展,船舶的载重吨位越来越大,最大的油船满载吨位已近60万吨级。这些大型船舶对水深的要求越来越高,因此一些离岸深水码头也就应运而生。离岸码头通过栈桥与岸相连,油品可

通过管道与岸边设施相连。由于离岸水深较大，一般天然水深或经过小量的开挖即可满足水深要求。同时，由于船舶较大，抗风浪的能力较强，一般不需要修建防波堤，只要严格控制作业区的波高大小，保证作业安全即可。但是离岸码头处于水深较深的区域，其设计需要考虑的因素会更多。

港口工程建设中还包括港内道路、码头装卸机械、港内铁路、供电、给排水、消防设施、投资估算等技术内容，因此它是一个需要多学科合作配合才能完成的工作。

➡➡海岸的利用和保护——海岸防护工程

濒临海洋的沿海地区，大多生态环境优美，适合人类居住，有利于发展经济，因此沿海地区的经济发展都比较繁荣，也是人类居住的聚集区。然而，受到自然环境如风和波浪的影响，海岸经常遭受侵蚀，因此人们就采用一定的工程措施，也就是修建海岸防护工程来保护海岸。

海岸防护工程就是在岸坡上采取人工加固的工程措施，来抵御波浪、海流的侵袭和淘刷，以维持岸线的稳定，从而保护岸滩和沿海建筑物，主要包括海堤、护岸和保滩工程等。同时，随着经济的发展和人们生活水平的提高，人们对于沿海活动区域的景观性要求越来越高,因此海岸防护工程在满足防护要求的前提下,也注重护岸的亲水性和景观性。

❖❖ 海堤工程

海堤一般修建于河口海岸地区,类似江河的堤坝,用于防止大潮或风暴潮期间,潮水及风浪的侵袭造成后方土地的淹没。海堤的设计和建造标准要综合考虑海堤保护岸段区域的重要性、经济效益和投资规模等来确定。其结构形式一般采用通过干砌块石形成的斜坡堤或由块石砌成的陡墙,或二者相结合的形式。由于修建海堤的海岸处海底大多都是软土和淤泥等,修筑海堤前需要利用软土地基处理技术将软土硬化或替换,以达到结构地基基础稳定的目的。

❖❖ 护岸工程

护岸工程是保护海岸的工程,其作用与海堤有所不同。护岸工程的主要目的是防止海岸受波浪、海流的作用发生坍塌。其设计和建设的高度、规模等也要考虑所保护海岸岸边区域建筑物的重要性、当地的波浪和海流等条件。其结构形式一般也是采用斜坡式、直立式(或陡

海洋工程做什么?

墙式)或二者相结合的形式。护岸的作用是防止海岸遭到破坏,因此当面对的波浪较大时,质量较小的砌石石块不能满足要求,斜坡堤护面会采用质量较大的、人工制作的混凝土块体来保护;若条件允许,也可采用沉箱、大圆筒等人工结构建设直立堤。人们在海边参观游览时也会经常看到扭王字块、四脚空心方块等人工护面块体。

另外,对于海滨地区,为了提高人们在海边参观游览的舒适性,护岸设计和建造时,在保证其防护效果的同时,还要考虑其亲水性和景观性。进行护岸设计时,考虑到极端天气条件下的波浪较大,护岸往往设计得较高,使得人们在平常天气下在岸边参观游览时,从视觉上感到不适,因此需要对结构形式进行优化改进,使得护岸在视觉上离水较近或可直接亲水,并且有一定的景观设计。

随着对于海岸生态系统要求的进一步提高,在有条件的海岸带,也可通过种植植物,使得波浪在经过植物区域时产生衰减,从而可以减弱波浪对于海岸的侵袭,以达到防护海岸的目的。这种方式因为绿色环保,对周围海域生态有一定的修复功能,所以是目前在有条件的地区人们比较推崇的方式。

✥✥ 保滩护滩工程

保滩护滩工程也是保护海岸的工程措施之一。对于一些可能被波浪侵蚀的沙滩海岸，也可以采用一定的工程措施来保护岸滩不被冲蚀。人们在海边看到的一些人工沙滩也是基于这个原理来建造的。保滩护滩工程常用的措施是根据当地的波浪、海流等条件，建设丁坝或离岸堤。丁坝就是将坝体与岸线布置成丁字形，坝体深入海中一定距离，将沿岸海流调离岸边，同时还可以拦截部分沿岸泥沙的运动，使之在岸边淤积，从而达到保护海滩的目的，图 8 为丁坝保滩。离岸堤是指在离岸一定距离的

图 8　丁坝保滩

海洋工程做什么？

海内修建与岸线大致平行的堤坝，但是堤坝不是连续的，类似于一段虚线，每段离岸堤的长度和相邻离岸堤的间隔可以根据当地的波浪和离岸距离等条件来确定，其主要原理就是通过修建离岸堤，减小堤后直接作用于岸滩上的波浪，从而达到护滩的目的(图9)。除了上述两种传统的工程措施外，还可以在岸滩外侧修建潜堤，就是在水下修建堤坝。波浪通过潜堤时，由于水深突然变浅，不足

图 9　离岸堤保护海滩

以保障波浪的完整传播，波浪破碎，冲击岸滩的波浪变小，从而达到护滩的目的。由于建筑物在水下，不影响视线，因此这种措施的景观效果较好。但是，由于其淹没于水下，通过其传播的波浪是否会有足够的衰减，尚需要深入论证。

总之，具体采用哪种海岸防护工程措施，需要根据岸滩长度、波浪条件、泥沙特征和对工程的人文要求等，进行综合对比分析来确定。

➡➡江河入海的优化——河口治理工程

滔滔江水向东流，江河大多会汇入大海。河流入海时的河口段，河水与海水相互混合，形成半封闭的海岸水体。河口段及其附近的海岸地区，也常常是经济活动比较活跃的地区，因此河口海岸带的开发和利用受到人们的重视。上海、广州、天津、福州、杭州等地各河口或河口附近都建有不同规模的港口，具有独特的发展优势，是我国对外开放和交流的重要门户。但是，河口地区的环境复杂，经常受到洪水、潮汐、风浪、海流等，特别是台风、风暴潮的影响，这些常常给河口地区带来严重灾害。

河口的演变发育受到诸多因素的影响，最主要的是入海河流与潮流的相互作用及其挟带的泥沙与河床和海

床的相互作用。河床演变常常复杂多变,细颗粒泥沙遇
到咸水还会发生絮凝作用,会在河口的海滨段淤积,形成
人们常在河口附近看到的露出水面的浅滩。人们称其为
拦门沙浅滩。它的不断增长会改变河口的地形,甚至在
洪水期间,造成河口排洪不畅,发生水灾,也会影响到航
运。另外,咸、淡水的混合使得河口流场特性发生改变。
因此,河口河床的自然演变往往不能符合人类开发利用
河口海岸和船舶航行的要求,需要采取措施对其进行
治理。

河口治理工程是综合考虑排洪、航运、灌溉、围垦等
需要,对于河流入海段的河道进行改造治理的水利和海
岸工程。其主要工程措施包括挖槽疏浚、水道整治和建
造人工建筑物等。河口治理工程通过采取不同的方案与
设施在河口地区形成人工水道区、围涂区、蓄水区等,从
而改善河口的环境条件,适于人们基于不同目的进行的
开发活动。

✤✤挖槽疏浚

挖槽疏浚就是对河口水道进行开挖,扩大其水深,从
而开辟水道,适于航运和排洪的工程。挖槽疏浚工程的
规划、设计,需要根据河口地区的海流、风、波浪和河流、

径流等情况,通过科学分析,确定航道挖槽的走向、宽度和深度。另外,确定挖出的泥沙处理方式和地点对于航道挖槽疏浚的效果也会起到非常重要的作用。处理不当,挖槽疏浚的泥沙会很快回淤到开挖的航道中。同时,根据挖槽疏浚的方案选择合适的设备,如挖泥船等,也是挖槽疏浚得以有效实施的关键因素。一般确定挖槽疏浚路线的原则是,航槽走向和涨、落潮流的路径相配合,尽量利用潮流的动力使得泥沙不容易落淤到航槽中。也就是说,挖槽疏浚的方向尽量与涨、落潮流的方向一致,以便让涨、落潮流对于航槽内的泥沙产生冲刷作用,以维持槽沟航道的水深。

❖❖❖ 水道整治

单纯地靠挖槽疏浚不能永久解决航运通道的问题,也就是不足以长时间维持槽沟航道,尤其是容易受到风暴潮影响的地区,一场大的风暴潮可能会使航道产生回淤。因此,人们提出了另一种水道整治方案,就是基于河口区域的水动力环境特点,经过大量的分析和论证,通过人为开挖合适的通道和其他工程措施,来优化河口整个水道,甚至人为地改变河流的入海通道,从而达到较长时间维持航道水深的目的。也就是采取类似大禹治水的策

略,开挖更适于海流流动的水道,使其流动更顺畅,从而达到易于维持航道水深的目的。

❖❖ **建造人工建筑物**

以上两种措施的本质都是通过开挖或挖槽疏浚的方式,因势利导,以期达到保持水道的目的。但是要进一步进行河口的治理,还可以人为地采取一定的工程措施。具体工程措施需要根据整治的重点目标,综合考虑水动力条件与河床演变的规律进行设计和施工。潮汐河口由于河水与海水混合,流速会变小,使得下游河宽逐渐加大,这也是易于形成拦门浅滩的原因之一。而不同类型的河口,其宽度放大的程度是不同的。河口整治路线与河口放宽程度和当地的波浪、海流等因素有关。河口治理的工程措施就是限制河口的海流流动,避免河槽宽度突然扩大或收缩,保持河道中的水动力条件平稳变化,因势利导,控制浅滩的形成,使涨、落潮流路趋于一致,从而形成稳定的海流主槽并能集中海流,增加河道水深。

河口治理工程常采用的人工建筑物形式包括导堤、丁坝、顺坝和潜锁坝等。导堤就是布置在拦门沙一侧的堤坝,用以约束海流,使得海流流速增大,从而提高其输沙能力并冲刷海底,达到维持水道槽沟畅通的目的。丁坝布置与前面所说的海岸丁坝类似,垂直于岸线布置,与海流方向大致垂直,起到约束、收窄河床的作用,并挑起海流,以达到集中海流、冲刷水道航槽,同时拦截其中的部分泥沙,使其落淤于丁坝两侧的目的。顺坝布置与丁坝相反,与前面海岸保滩中的离岸堤类似,大致与岸线或海流方向平行,用以因势引导海流,使得海流更加流畅,从而达到增大流速、冲刷航槽的目的。丁坝和顺坝也可组合使用,可达到更好的效果。潜锁坝是潜没于水面以下的堤坝,类似于前面海岸保滩中提到的潜堤,它修建在汊道的河口,可阻挡汊道支流,以减少汊道的海流,增加通航汊道的流量,使其涨、落潮流路趋于一致,从而稳定航槽水深。

我国典型的河口治理工程为长江口深水航道工程。长江口深水航道工程于 1998 年 1 月启动,目的是增加长江口航道的水深,便于大型船舶航行,提高上海港的通航能力。该工程采用南港北槽方案,7~10 年内获得了水深 -12.5 米的航道,使得 5 万吨级货轮全天候进出,10 万吨级散货轮乘涨潮时间进出。为此建设了南北导堤,导堤采用半圆形的潜堤(图 10),两导堤各长 50 千米,内侧修建丁坝群等,再依靠挖槽疏浚和维护来保持 -12.5 米水

海洋工程做什么?

深，大大方便了大型船舶的进出。由于长江口环境复杂，泥沙量较大，单靠一种治理手段难以达到预期效果，因此该工程综合采用了前面所提到的导堤、丁坝等工程措施和挖槽疏浚等治理手段，使得期望的航道水深得以维持。我国其他典型的河口，如钱塘江口、珠江口等都曾进行过大规模的治理。

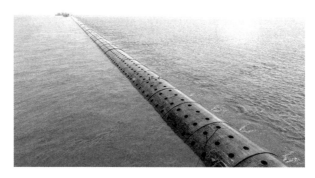

图 10 长江口深水航道工程中的半圆形导堤

从技术上讲，河口治理工程是一项复杂的工程，其主要难点在于环境条件复杂，设计中包含了河流动力、潮汐动力、波浪动力和泥沙输运等的推算和分析，其作用机理本身就是一项重要的研究课题，因此各种治理方案需要通过大量的现场调查、计算机数值模拟计算分析、实验室内物理模型试验等进行对比分析与研究方能确定。同时河口的治理也不是一劳永逸的,还需要根据河流流量、海洋环境条件和周边地形条件的变化等,调整或改进治理工程和治理方案,从而保持航道的永久畅通。

➡➡人类空间资源的拓展——人工岛工程

在沿海经济发达地区,人口密集,陆地资源紧张,为了扩大陆地资源利用范围,一个重要的途径便是填海造地。然而,如果直接从陆地向海洋填海,就会影响到原有海岸线的水动力条件,从而影响周边海岸线的演化。因此,人们想到在海中填出一个岛屿的方法。在海中人工建造的岛屿称为人工岛(图11)。一般而言,狭义的人工岛是指在海中填筑而成的陆地,而广义的人工岛则包括桩式和漂浮式等能在海域中形成一定使用场地的各种海上建筑物。人工岛可按使用功能和结构类型进行分类。从使用功能来说,人工岛可用作海港作业区、海上机场、海上发电厂、海上工业基地、海上钻探设施、海上开采和储存石油设施、海上旅游设施以及海上军事设施等。当按结构类型分类时,人工岛可分为固定式和漂浮式两大类。最常见的固定式人工岛就是通过填筑形成的,其他还有桩式和重力式等结构。漂浮式又可分为浮体式和半

43

海洋工程做什么?

图 11　港珠澳大桥东人工岛

潜式两种。在水中建造人工岛的历史可追溯至几百年前，较大量的现代化的人工岛建设则始于 20 世纪 60 年代。

为了开发浅海的油气资源，我国于 20 世纪 90 年代初开始，在渤海埕岛油田兴建了第一座浅海人工岛。由我国设计和施工的澳门国际机场人工岛也于 1995 年建成。之后，中国沿海陆续建成了若干个人工岛，如渤海的曹妃甸、江苏如东岸外的太阳沙、香港的新机场、招商局漳州开发区双鱼岛、山东龙口人工岛群工程等。国外较著名的是建立在迪拜的棕榈岛,它分为朱美拉棕榈岛、杰贝阿里棕榈岛、迪拉人工岛。耗资 140 亿美元打造而成的迪拜棕榈岛被誉为"世界第八大奇迹"。而新加坡的裕廊岛是将七个海上小岛通过填海的方式连接起来建成的,是新加坡主要的能源化工区,有超过 95 家国际性的石油、石化和特殊化学品公司入驻该岛,实现了化工企业与主岛生活区分离。

人工岛是人工建造的岛屿,前面所说的平台或固定式的人工岛,一般是为了某一特定需要,在陆地建造好后安装于海上的。因此,这里主要介绍填筑式的人工岛,它可以依托于小的岛礁或暗礁建造,也可以在某一海域直接填筑建造。人工岛的位置首先取决于其使用功能,如用于钻探和开采石油的人工岛,其位置当然取决于海底的地质构造和油气资源条件;而用于观光旅游的人工岛,一般建于沿海城市附近。一般来说,对于人工岛的选址,要尽可能选择有利的自然环境条件,比如不会有较大的波浪作用,建岛后对于周边海岸地形和生态环境不会产生不利影响,不影响海上航道和船舶锚泊地,以及避开海底电缆和管线带,等等。对于较大的人工岛,如果周边有船舶的主要航道,则应尽量与之保持较远的距离。同时,

人工岛的规划建设规模、建设位置还应与城市的整体发展战略相协调，做到陆海统筹，而且要注重环境保护、绿色发展。值得一提的是，目前国家对填海造地的项目实行严格控制，目的是防止粗放式的填海工程对沿海生态、海洋环境等产生不利影响。总之，人工岛的规划和建设应进行详细的论证方可实施。

人工岛可建成圆形、方形、梯形等任意形状。在波浪、海流等的作用下，合理的人工岛形状对岛周围的局部冲刷以及提供泊船条件等方面较为有利。

为了保护人工岛不被波浪和海流侵袭损坏，其周边均需要修建护岸。由于人工岛为人工填筑而成，其360°岸边均需要防护。考虑到岛的周边不同位置处的波浪情况不一样，因此可以采用不同的结构形式，比如迎浪侧的波浪较大，可采用直立式或重力式；而在波浪较小的一侧，可采用斜坡式。同时采用一些具有观赏性的结构，可提高人工岛的整体景观性。尤其对以用于人们居住、观光游览为目的的人工岛，其岛体形状和护岸形式都要有景观设计。同时，护岸还要考虑亲水性，使人们到岛上游览时能有愉悦之感。

➡➡海滨休闲娱乐之地——游艇基地

　　兴起于18世纪的游艇娱乐是一种海上休闲方式。随着社会和经济的快速发展,建设游艇基地,发展海上娱乐产业,也成为经济发达地区的客观需要和重要象征。当前中国游艇产业集群主要聚集在长三角、珠三角、环渤海区域(天津、大连、青岛)、三亚等沿海地区,这些地区都建有不同规模的游艇基地(图12)。游艇基地是指为游艇提供港外防护、港内系泊、到岸综合服务的一个特殊港口功能区,它包括水域设施、防护设施、系泊设施、上下岸设施、游艇陆上保管设施、陆上管理运营(包括游艇俱乐部)设施、码头服务设施、港区交通设施等。其中游艇港是游艇基地最主要的基础工程设施,是游艇靠泊的场所,并可

图12　某游艇基地

海洋工程做什么?

实现旅客、船员等人员由船至岸的有效衔接。作为具有
特殊功能的港口，游艇港内需要同时停靠较多的游艇，因
此港内可利用的水域面积应合适，同时港外还应该有适
合游艇活动的水域。

游艇港的码头与前面提到的商用货运码头不同，其
规划和平面布置应充分考虑游艇停靠的特点。游艇港的
规模需要考虑预期停靠的游艇数量及规模，同时还要考
虑地区的经济发展速度，为未来需求的提升预留一定空
间。与前面介绍的港口类似，游艇港的平面布置也需要
考虑建港海区的风、波浪和海流条件，尽量减小波浪、海
流和风等对港口水域的影响，便于游艇进出港航行。但
是，由于游艇港内的波浪条件主要考虑的是系泊游艇上
人的舒适性，与商用港口相比，游艇港内对波浪条件的要
求更高。对于常规大小的游艇，港内波高要求小于
0.3米。这是比较苛刻的条件，自然条件下，很难达到这
种波浪条件，因此一般会建设防波堤来对水域进行掩护。
布置防波堤时，设计港口口门的位置和宽度时要考虑口
门外涌入港内的波浪应尽量少，同时还必须满足游艇进
出港的航行要求。至于港内码头，多采用浮式码头，这样
码头高度会随着潮位的变化而升降，便于游艇的停靠。

码头通过栈桥与岸上相连。

游艇基地中与游艇港设计配套的设施,还包括游艇的上岸和下岸设施、游艇在陆上进行运输的设施、游艇在陆上的保管设施(游艇存放场、游艇库)等,这些配套设施的布置都应考虑使用的便捷性。

游艇基地的建设要与城市的经济发展相适应,同时其规划要与城市的规划和发展相协调。国家交通运输部已经发布了《游艇码头设计规范》(JTS 165—7—2014),使得游艇码头的建设像商业港口的建设一样有其特有的设计标准。

➡➡海上清洁能源——海洋能利用工程

海洋蕴藏着巨大的可再生能源。无论是海上波浪运动,还是海流的流动以及海上的风场,本质上都是能量传递的过程。波浪能、潮汐能、潮流能、温差能、盐差能和海流能以及海上风能等统称为海洋能。由于海洋中的这些能量来自太阳辐射或其他星球的万有引力所引起的运动,因此是"取之不尽,用之不竭"的可再生能源。

波浪能与波高的平方和波动海域的面积成正比。潮汐能与潮差和潮量的大小成正比。潮流能是潮流水平运

海洋工程做什么?

动产生的动能,其能量与流速的立方成正比。温差能是海水的一种热能。因表层海水温度高、深层海水温度低而形成了较大的温度差,故可以产生热量交换。因此海水的温差能与温差差值和交换水量的大小成正比。盐差能是海水的一种化学能。在前面河口治理工程中已经讲到,河口水域是入海径流的淡水和海洋盐水的交汇区,它们之间会形成盐差。不同含盐量的海水的电位不同,很明显,盐差的能量与其压力差成正比。海流能与流速的平方和流量成正比。海上风能与陆地风能一样,其能量主要取决于风速大小,但由于海面粗糙度小,海上风速通常比陆地大,风向也相对稳定。

海洋能利用工程是指按照不同能量变化的机理,设计有效的方法,并制造相应的发电设备,依托于海洋工程设施,实现海洋能向电能的转化。由于海上的环境条件恶劣,能源转换设施的安全性是海洋工程专业必须考虑的问题。不同形式的海洋能的转换技术原理与装置不同,因此,海上工程建设和设备安装所考虑的基础设施问题也不同。

❖❖❖潮汐能发电设施

潮汐能发电是利用潮汐涨落造成的水位差所产生的

势能来发电的,因此潮汐能发电设施均建于海岸边潮差比较大的区域。与普通水力发电原理类似,水位高处的水向水位低的地方流动,通过在其间修建水轮发电机组即可实现发电的目的。为实现利用潮汐能发电这一目的,常用的方法就是修建潮汐水库,即在涨潮时将海水储存在水库内,在落潮时由于海面水位降低,利用水库内、外水位之间的落差,推动水轮机组带动发电机发电。

潮汐能的利用常采用三种形式,即单水库单向发电、单水库双向发电和双水库单向发电。单水库单向发电,就是只建造一个水库,涨潮时储水,落潮时利用水库中的水位与外边海面的水位形成的水头差发电,这种形式已经应用于我国浙江省温岭市沙山潮汐电站。单水库双向发电,也是建造一个水库,但是可建造正、反方向都能旋转的发电机组,使得在涨潮和落潮时,不同的发电机组运转发电。相比于单水库单向发电,单水库双向发电效率较高,但是结构复杂,造价高。广东省东莞市镇口潮汐电站及浙江省温岭市江厦潮汐电站采用了这种形式。双水库单向发电,顾名思义,就是建造两个相邻的水库,一个水库总是在涨潮时进水,而另一个水库涨潮时不进水,但在落潮时向外放水,因此前一个水库的水位总比后一个

水库的水位高,这类似于陆上水库发电原理,将水轮发电机组放在两个水库之间的坝体内,两个水库始终保持着水位差,海流流动总是单向地向一侧流动,因此可以全天发电。

作为潮汐能发电的基础设施,水库及相关设施的建造需要根据当地的地质、波浪、海流等条件进行合理的设计和施工,以保证这些设施的安全和有效的运行。

❖❖❖波浪能发电设施

与潮汐能的利用相似,波浪能发电是通过设计特定装置,将波浪能转换为电能的过程。目前波浪能发电仍是学者们研究的重要课题之一,不同科研人员提出了多种可以通过波浪能来带动发电机发电的方式。一种方式是设计一套机械传动装置,在波浪的往复运动作用下,机械传动装置随之运动,从而驱动发电机运转发电。这种方式大多是早期提出的,其传动装置往往比较复杂,在海上恶劣环境下可靠性差,因此应用不多。另外一种方式是设计一个或几个气箱,将气箱扣放在水面上,上部空气出口与汽轮机相连,波浪传播运动时,波面上下波动,气箱内的气压发生变化,带动汽轮机转动,从而驱动发电机发电。再一种方式就是设计某种液压装置,将波浪能转换为液体的压能或位能,再由油压马达或水轮机驱动发电机发电。当然这些都是基本的原理,人们已将不同的发电原理相结合,设计出更为复杂的波浪能利用系统。

由于波浪能发电装置或系统一般比较复杂,而且建于海上,成本比较高,目前大规模波浪能发电的应用还较少,但一些小功率波浪能发电装置已在海上导航灯浮标、灯桩、灯塔等处获得推广应用。另外,在一些边远海岛,由于无法进行输电,小型波浪能发电也已获得应用。作为一种储量丰富、洁净、可再生的能源,随着技术的进一步发展,波浪能资源一定会得到广泛的应用。

在海上建造波浪能发电装置或系统,要以基础设施为依托。为此,人们针对不同的波浪能发电装置,设计出相应的基础设施。这些基础设施有的固定于海底,有的漂浮于海面。还有人提出将现在已建好的防波堤、跨海大桥基础、海上风能发电基础和海洋牧场中的网箱等浮式结构相结合等方式。显然,这些设施会受到波浪、海流等的作用,尤其是波浪越大的海域,波浪能越丰富,因此基础设施的设计和建设也是安全、有效利用波浪能的关键。

海洋工程做什么?

❖❖❖盐差能发电设施

盐差能是指海水和淡水之间或两种盐度不同的海水之间的化学电位差能，主要存在于河海交接处，如上文提到的河口区域。它也是一种可再生能源，其能量密度取决于盐差大小。当把两种不同浓度的盐水混合时，浓度高的盐水中的盐类离子就会自发地向浓度低的盐水中扩散，直到二者浓度相同为止。盐差能发电，就是利用两种盐度不同的海水化学电位差能，通过一定的手段，将其转换为电能的过程。反向电渗析离子交换膜法是将盐差能转换为电能的常用手段，其原理是在海水和淡水交接处交错排布串联的阴、阳离子交换膜。由于两侧海水和淡水的盐度具有浓度差，阳离子与阴离子就会定向移动，从而在电极处发生氧化还原反应，即生成电能。但是，受技术条件的限制，盐差能利用的研究仍处于初级阶段，还有很多技术难关需要突破。由于河口地区的环境条件复杂，泥沙浓度高，基础设施的建设也要考虑对周边水环境以及航道等的影响。期望盐差能的利用在未来能获得突破性的进展。

❖❖❖温差能发电设施

另外一个可以利用的可再生海洋能源就是温差能。

由于太阳的辐射作用,海洋表层可以获得巨大的能量,一些海域表层水的温度为 20～30 ℃,但是深层海水的温度则较低。因此人们想到,如果能够把海洋中的这些热量利用起来,像利用太阳能一样,就能得到取之不竭的能源。由于海水上、下层的温度不同,利用这些热能发电的基本原理是建立一个封闭的循环系统,在循环系统中安装上低沸点的液体和涡轮发电机,通过温水将封闭在循环系统中的低沸点液体蒸发,或系统本身为真空室,温水可以在其中沸腾蒸发,从而驱动发电机运转发电。利用深处温度低的海水将蒸发得到的气体冷却,使之再变为液体。可以看到,海洋温差能发电系统是一个封闭系统,建成后不再有进一步的消耗,可自行循环,而且不受天气的影响,电力输出也会比较稳定。很明显,由于利用上、下水层的温度差,温差能的利用一般在比较深的海域来实施,因此其所面临的海域环境条件比较恶劣。要有效利用温差能发电,需要开发设计与海域条件相适应的设施。这方面也还需要创新性的研究进展。总体来讲,海水温差能的有效利用,可以为远海资源开发时所用设备提供电力能源,对于目前人们期望开展的深远海海洋资源的开发具有重大意义。

❖❖海上风能发电设施

人们对于风能发电并不陌生,我国已成为风能发电发展最快的国家之一,在陆上修建了很多风能发电场(简称风电场)。但是陆上风电场的建设占用土地,产生噪声,同时,风电场也影响鸟类栖息,影响植物的生长,这些弊端成为制约其进一步发展的瓶颈。而海上风速大,每年可利用的时间较长,风电场远离陆地,不影响城市发展规划,也不必担心噪声、电磁波等对环境的影响,因此海上风能资源的利用越来越受到重视。世界上许多国家,尤其是欧洲国家,如英国、比利时、德国和丹麦等在海上风能发电方面得到了快速的发展。2011 年,我国完成了第一座真正意义上的海上风能发电项目——上海东海大桥海上风电场(图 13)。

相比于陆上风能发电设施,海上风能发电设施的建设要复杂得多。因为要建于海中,所以必须为风能发电机组在海中建设一定的基础,这个基础称为风能发电基础。而风能发电基础占用一定的成本,使得海上风能发电设施的建造成本要比陆上的高。作为海洋工程从业人员,需要合理设计基础结构形式,保证结构的安全,同时降低工程造价,从而促进海上风能发电的发展。

图 13　上海东海大桥海上风电场

　　海上风能发电基础形式取决于海域的水深、地质条件、波浪和海流条件等。目前常用的海上风能发电基础形式主要有桩式、重力式和浮式等结构。

　　桩式结构和重力式结构又统称为固定式基础结构。桩式结构通过桩基将基础固定于海底，又分为单桩式、多桩与承台相结合的结构形式（类似于跨海大桥的基础）等，多适用于淤泥等软土地基。重力式结构，则采用混凝土结构，座于海底，靠自身重力保持包括发电机组在内的整体结构的稳定，多适用于地基较好的海域。所有的固定式基础结构，都固定于海底，因此其结构一般适用于水

深不超过 50 米的较浅的海域。

　　然而，近海浅水海域受到航路、渔业、鸟类迁徙及旅游业等客观因素的制约，使得近海风能资源的开发受到限制，海上风能资源的利用逐渐向深海区域发展。为了适应深海的条件，又提出了浮式基础结构。所谓浮式基础结构，是指漂浮于海上的浮体，可由其支撑发电机组设施。与固定式基础结构相比，浮式基础结构可以移动，并且便于拆除，具有较大的灵活性。浮式基础结构借鉴了海洋采油平台结构的设计，分为单柱式、半潜式和张力腿式。单柱式浮式风能发电基础，主要由空心的柱体所提供的浮力起到支撑作用，柱体较长，通过向其内部注入压舱水使得重心低于浮心来保持稳定，浮体通过系泊系统与水底相连；半潜式浮式风能发电基础，由多个较短的空心立柱组成，并通过横梁连接形成整体结构，在其下边设置压水板，使其部分潜于水中，故称为半潜式，其结构也是通过系泊系统与水底相连；张力腿式浮式风能发电基础，主要组成是浮式平台，平台的浮力大于自身重力，并通过始终铅垂张紧的缆绳将平台连接至海底基座。

　　海上风能发电基础是建于海中的结构，它不仅受到风能发电机组传递下来的荷载作用，而且受到波浪、海流的作用,因此根据海区的环境条件,设计建造安全、经济、可靠的风能发电基础,是发展海上风能发电的关键,也是海洋工程从业人员重要的研究课题之一。

➡➡跨海交通工程——跨海桥隧和轮渡工程

沿海水域具有很多岛屿,形成群岛。大的岛屿上世世代代都有人居住。典型的群岛如浙江的舟山群岛。另外还有一些海湾将重要的城市分开,造成交通的不便,如杭州湾、渤海湾等。然而随着社会和经济的发展,人们期望在沿海城市和岛屿之间、被海湾分隔开的城市之间修建跨海交通设施以方便人员往来。跨海桥梁、海底隧道以及海上轮渡工程成为解决这些交通问题的必由之路。跨海交通建设业已成为国内外沿海城市基础建设的重要课题,也是有效利用海上空间资源的重要建设领域。

❖❖跨海桥梁

跨海桥梁,就是指跨越某一海域的桥梁。虽然都是桥梁,但是与陆上的桥梁建设相比,由于海洋环境复杂,受到自然环境的影响和施工条件的限制,以及经济和环境保护等因素的影响,跨海桥梁设计所考虑的因素更多、更复杂,其设计的难度也更高。

海洋工程做什么?

  进行跨海桥梁设计时,除考虑陆上桥梁设计所考虑的风、车辆和人员等荷载条件外,还要考虑海上水动力环境对于基础结构的影响。规划跨海桥梁轴线的走向时,需根据当地的风、波浪、海流的大小和方向,确定最优的路径,还要论证修建跨海桥梁对于相关海区的生态环境的影响;跨海桥梁经过区域大都有船舶的通航通道,其设计还必须设置主要通航孔和辅助通航孔,以方便不同船舶航行通过。

  跨海桥梁基础的设计也是一个关键的问题,目前常用的结构形式是重力墩式、桩基与承台相结合式。重力墩式,就是靠水下桥墩基础的自身重量来保持稳定的;而桩基与承台相结合式,是在水下部分采用由多根桩组成的群桩结构,桩顶通过承台,也就是有足够厚度的混凝土板将群桩连接在一起,形成整体基础,以支持桥墩。不同于陆上桥梁,跨海桥梁的基础在水下,除考虑桥梁设计的一般荷载外,还需要同时考虑受海洋环境因素的影响,包括波浪、海流以及船舶撞击等对于桥墩基础作用而产生的荷载。尤其是在大船航行的海域,船舶的撞击力往往成为大桥安全的控制因素之一。同时,在波浪和海流的作用下,桥墩基础周围可能也会产生冲刷,需要考虑其对于跨海桥梁使用期间安全的影响；另一个需要考虑的因素是，由于海水的腐蚀作用更强，跨海桥梁对于防腐和耐久性要求也更加突出，一些城市的跨海桥梁上禁止垂钓，防腐也是其考虑的原因之一。

跨海桥梁需要在海上进行施工，面临的建设规模和工程数量巨大，而且海上受潮汐、风暴、波浪等的影响，通常可以施工的工期较短，增大了施工的难度和消耗。同时在施工期间，对海洋生态的保护要求，也给建造跨海桥梁提出了许多需要克服的难题。跨海桥梁的设计和建设需要充分考虑这些影响因素，确定最优的结构设计方案和施工手段。

目前我国已建成港珠澳大桥(图14)、上海的东海大桥、杭州湾跨海大桥、青岛的胶州湾大桥、浙江的金塘大桥等较长距离的跨海桥梁，还修建了国内第一座公路和铁路共用的跨海桥梁，即平潭海峡公铁大桥。值得一提的是港珠澳大桥，它是目前世界上最长的跨海桥梁，该桥于2009年开始动工，于 2018 年建成通车，历时近 10 年。工程包含了跨海桥梁主体、隧道和人工岛。为了不影响繁忙的海上船舶航行，在船舶通航水域，采用了隧道的形式，隧道在两侧建设的人工岛上出水，再与跨海桥梁相

海洋工程做什么？

图 14　港珠澳大桥

连，通到岸上。该大桥建设还创造了多项世界第一。海底隧道全长 6.7 公里，最深 48 米，是世界长度和深度第一的海底沉管隧道。其建设难度之大，被誉为桥梁界的"珠穆朗玛峰"。它的建成也是中国从桥梁建设大国走向桥梁建设强国的重要标志。

❖❖海底隧道

　　另外一种解决跨海交通问题的途径是修建海底隧道。因为陆上隧道交通很多，人们对于隧道也已习以为常。而相比于跨海桥梁，在海底修建隧道，由于不妨碍水上船舶航行,交通不受大风、大雾等气象条件的影响,成为修建跨海交通的重要选项之一。英吉利海峡隧道便是世界上著名的海底隧道。

修建海底隧道有多种方法,最常用的方法便是在海底地下开挖隧道。开挖的方法一般与在陆上修建隧道类似,常采用掘进机法、盾构法、钻爆法。出入口一般位于陆地或岸边,而岸边配套海岸工程设施的设计应考虑海洋环境因素的影响。另外一种方法是采用沉管技术,即在陆上先预制好合适尺度的管道段,一般可以是方形或圆形断面,两端密封,浮运至指定位置,沉放至已在海底挖好的槽沟内,将其相互连接形成隧道。这种方法设计时需要考虑海底的地质、海流等对于沉管隧道安全的影响。需要特别指出的是,沉管的沉放过程是一个复杂的施工过程,由于受到海上风、波浪、海流等的影响,涉及浮体运动的计算和分析,在其定位、沉放过程中需要高超的施工技术。港珠澳大桥其中的一段海底隧道便是采用了沉管隧道建设的方式(图15)。中国还建成了青岛胶州湾海底隧道、厦门翔安海底隧道等,正在建设的还有大连湾海底隧道,也采用了沉管建设方案。

图15　采用沉管隧道铺设海底隧道

❖❖❖海上轮渡

　　海上轮渡工程是为通过船舶将人员或货物运过海而建设的港口工程。几乎每个沿海城市都有用于客运的港口，其设计与前面介绍的港口设计类似，但是客运港口在设计上的重要考虑因素是如何让人员或车辆方便地上、下船舶。这里重点介绍火车轮渡工程，典型的工程是琼州海峡和烟台至大连的火车轮渡工程。

　　火车轮渡就是将整列火车车厢分节开上专用的轮船，运过大海后再分段开到陆地火车轨道上，再组合开出。跨海火车轮渡涉及铁路、港口、船舶、航运等行业，是集多种专业技术为一体的综合性系统工程。在这种工程的设计和建设中，除了进行港口工程的一般功能设计外，一个重点的基础设施就是火车上、下轮船的工艺设计，也就是确定码头与轮船之间各种接口的设计方案。在船舶靠上码头后，让船上和码头上的火车轨道有效连接，在火车上、下船舶的过程中，能够克服船舶的运动，保证作业的安全。这里需要特别指出的是，在港口设计、建设过程中，港口码头和防波堤等的规划和布置要保证港内有理想的波浪条件，保证船舶停靠装卸火车时的泊稳。

➡➡船舶和海上装备基地——修造船和海洋开发设施基地工程

修造船和海洋开发设施基地是供船舶和海洋平台等建造和修理的场所，它一般建于海岸和岸边，方便建好的新船或平台下水或待修理的船舶进、出船坞。修造船基础设施设计与建造的质量，直接决定了在修造船使用过程中的安全性与方便性。船舶和下文介绍的海洋平台的建造，包括构件的加工装配、整体装配后下水和在码头上装配船上的配套设施，即舾装。而对于要进行维修的船舶，还要考虑船的上墩，也就是船舶进入船坞并安放于支

海洋工程做什么？

撑设施，以及方便修好的船舶下水。修造船水工建筑物设计和建造的主要内容包括船坞、船台滑道、船厂码头和防波堤等。这些建筑物的设计应充分考虑与修船、造船和海洋平台等建造工艺的有效衔接和配合。

所谓船坞，是指人工围挡出的一定空间，在其中可以控制水面的涨落，使得船在其中可以升降。船坞分为干船坞和浮船坞。干船坞相对于浮船坞来讲，是固定的设施，在其围挡的空间一侧有闸门，新船和待修的旧船放置于坞底的支撑墩上，工作期间抽出船坞中的海水。完工后，通过开启闸门进水可使建好的新船或修好的旧船上浮以便被拖出船坞。顾名思义，浮船坞是浮式的船坞，它本身可在水中升降。坞内注水，船舶进坞。修造船时，将船坞内的水抽出，船坞升起，将船坞固定，在升起的船坞内进行修造船的工作。待船舶修造好后，向船坞内注水使其下沉，即可将船舶拖走。

船厂码头根据不同用途分为系泊码头、材料码头、舾装码头和试车码头等。系泊码头用来停靠待修船舶；材料码头与一般货运码头类似，用于材料的装卸；舾装码头用于船舶舾装和水上修理时系泊，需要配备良好的起重运输条件和必需的动力设施；试车码头专供船舶试车之用,也就是在系泊的状态下,进行船舶设施的开启试用。船舶在试车过程中可能会产生较大的动力,因此码头要有较大的水深及较强的系泊设备。

修造船水工建筑物的布置和设计,需要综合考虑船厂的生产能力,合理地确定建筑物的规模和布局,避免或减少相互干扰。岸线使用应该合理,要有足够的水深,同时受波浪的影响较小,码头泊位处的泊稳性能较好,以保证船舶的舾装、试车等工作安全有效地进行。

➡➡ 海上农业基地——海洋牧场

海洋牧场是充分利用自然的海洋生态环境,通过人工建造形成的规模化渔业设施。在海洋牧场内,可以将可人工喂养的海洋生物围聚在一定范围内,基于系统化管理,实现有计划的海上放养。海洋牧场就是一个适于海洋生物生长的海洋环境,比如海参、鲍、海胆等海珍品以及鱼类的牧场等。

建设相关的海洋工程设施是达到上述重要目的的基础。这些工程设施之一,是通过投放类似天然礁石的人工鱼礁或改造滩涂等,对海洋环境进行修复和改善,使其更适于海洋生物的存活和生长,为鱼群和其他海洋生物

提供良好的栖息环境。

另外一个建设海洋牧场的工程措施，就是建设网箱养殖基地(图16)。所谓网箱，就是在适于海洋生物，比如鱼群生长的海域，人为围成一片独立的海上空间，可以在其中进行海洋生物的养殖。围挡主要由刚性的可支撑形成一个空间的框架和柔性的网状材料做成的网衣组成，整个网箱通过固定于框架上的浮子漂浮于海面上，并通过锚链系统与海底相连，使其不会在波浪和海流作用下被冲走。设计这种设施，一要考虑海上设施在海洋环境

图16 网箱养殖基地

因素作用下的安全,二要考虑鱼类的生活习惯,网箱内的流体流动要适于鱼类生存。根据养殖水深的不同,网箱养殖主要分为浅水网箱养殖和深水网箱养殖。

浅水网箱养殖是沿海渔民普遍采用的养殖方式,浅水网箱的制作也比较简单,人们在海边游玩时常常可以看到这种网箱。但是这种网箱一般体积小,抗风、波浪、海流的性能差,受近岸浅水环境的影响大,养殖的鱼类品质不高,而且容易发生病害。

为了进一步拓展养殖空间和提升养殖品质,网箱养殖也向深远海发展,即深远海养殖。由于离岸较远、水深较大的海域,可养殖的空间大,海水的质量较好,水体交换能力强,剩余的鱼饵和鱼类的排泄物容易扩散,鱼群聚集的水体可以保持良好的环境,适于鱼类的生存和生长,因此深水网箱养殖也是目前海洋牧场重点研究发展的方向之一。

然而,深远海养殖发展中,海洋环境更恶劣,对于网箱的结构安全性要求也更高,因此发展更适于深远海海洋牧场建设的网箱结构成为深远海养殖基地发展的重要基础。为此,人们考虑不同结构的优缺点,分别提出了重力式网箱、碟形网箱、方形网箱、锚张式网箱、强力浮式网

海洋工程做什么?

箱、浮绳式网箱、张力腿网箱和坐底式网箱等形式。总体
上来讲,这些网箱都由浮子、框架和网衣系统构成,网箱
通过锚碇系统来保持稳定,不被波浪和海流冲走。在网
箱设计时,要进行网箱在波浪和海流作用下的安全评估,
亦需要进行大量的研究,找到既经济又可靠的网箱结构
形式。

➡➡海洋油气资源开发平台——海洋平台

为了开采、利用海上资源,需要建造海上相关设施和
装置,用于进行海上油气资源的勘探、开采和储存等。相
关设施主要是海洋平台(图 17),它是指在海上为进行钻

图 17　海洋平台

井、采油、储存、物料装卸等活动提供生产和生活设施的建筑物。

✦✦ 海洋平台的发展

人类对于海上油气资源的开发是从近海浅水区域开始的，之后随着技术的进步和油气资源开发的需要，水深越来越深。世界上第一座海洋平台于 1887 年建于美国墨西哥湾离海岸不远的水深为几米的地方，用木质结构搭建平台。进入 20 世纪 40—60 年代，随着现代钢铁工业和相关钢制结构技术的发展，出现了钢质平台，使海上油气资源开采发展到较深海域，并在 20 世纪 60 年代末，开始向大陆架深水区延伸，水深可达 200 米。随着海洋钻井和海洋平台技术的进一步发展，至 20 世纪 80 年代，水深超过 500 米。20 世纪 90 年代以后，海洋油气钻井平台的工作水深已超过 3 000 米，生产平台的工作水深也已超过 2 000 米。

1967 年，我国自行设计建造了第一座海洋平台，即"渤海 1 号"平台，开启了海洋石油工程的建设。1986 年，我国第一座现代化海洋采油平台在渤海湾建成，标志着我国已经能够独立制造海上油田的勘探、钻井、采油全过程的成套设备。2012 年 5 月，耗资 60 亿元建造的"海洋

海洋工程做什么？

石油981深水半潜式钻井平台"，首次独立进行深水油气资源的勘探，标志着我国海洋石油工业的深水战略迈出了实质性的步伐。该平台采用当时全球一流的设计理念、一流的技术和装备，是在考虑南海恶劣的海况条件下设计的，设计能力可抵御200年一遇的超强台风，为我国进行南海水域的油气资源开发提供了重要的保障。2017年，我国建造了世界上最大、钻井深度最深的海上钻井平台"蓝鲸1号"，其最大作业水深为3 658米，最大钻井深度可达15 240米。

针对不同的海洋环境和水深条件下油气资源开采的要求，人们提出并建造了各种形式的海洋平台。总体来讲，海洋平台分为固定式和浮动式两大类。固定式海洋平台主要用于浅海区域的油气资源开采。浮动式海洋平台可用于任意水深的油气资源开采，尤其是在深远海深水区域，海洋平台均采用浮动式海洋平台。油气资源开采海洋平台大都离岸较远，是一个独立的生产和生活系统，因此配置有勘探或采油、油水处理和工作人员起居的设施系统及配套的各种装备，并将处理后的原油直接接入海底输油管道，或输送到油轮运往陆地储存。

✦✦✦ 近岸浅水区域海洋平台

在近岸浅水区域,根据海洋平台所处海域环境和水深条件,可采用固定式、活动式、半固定式和特殊简易式海洋平台等形式。固定式海洋平台常用于水深较浅的区域,是指海洋平台通过桩或其他基础支撑固定安装于海上,可以长期固定不动。活动式海洋平台是相对于固定式海洋平台而言的,也就是海洋平台可漂浮于海面,主要有两种形式。一种是海洋平台下层设计一可装排水的沉垫,在使用时灌水可以使海洋平台沉到海底,但海洋平台面露出水面;在需要漂浮时,把沉垫中的水排出,海洋平台可以浮起。另外一种就是半潜式海洋平台,顾名思义,就是下面一部分潜入水中的海洋平台。这种海洋平台在沉垫下设置立柱,通过立柱保持平台的稳定。

固定式海洋平台分为多种结构形式(图18),大都依据其支撑形式来命名。导管架平台或桩基式平台由钢腿柱和连接钢腿柱的纵横杆组成的导管架支撑,下面通过连接的桩基将整个导管架牢固地插入海底来保持平台的稳定。重力式平台,也叫作混凝土平台,支撑平台的结构都由钢筋混凝土制成,质量很大,坐落于海底,可以依靠本身的质量保持稳定。坐底式平台,水下坐底部分与重

海洋工程做什么?

力式平台类似,但是与重力式平台不同的是,平台的坐底部分与上部平台之间不像重力式平台那样是一个整体,而是分开的,并通过立柱相连。自升式平台,顾名思义,是可自行升降的钻井平台,其基本结构是平台由桩腿来支撑,但并不与桩腿刚性相连,而是可以在桩腿上通过升降装置上下移动。

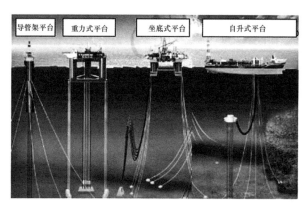

图 18 海洋平台结构形式

海洋平台建于离岸较远的海域,要承受风、波浪、海流等恶劣海洋环境的影响,在北方海域,还会受到海冰的作用。因此,海洋平台的设计和建造要充分考虑这些因素的影响,保证海洋平台在海上使用过程中安全、可靠。

❖❖❖深海平台

深海平台工程是相对于海岸和近海平台工程而言的。深海一般指水深为 500 米以上的海域。由于离岸较远,深海平台工程也被称为深远海平台工程。深海区域水深较大,所采用的工程措施不同于海岸和近海平台工程。随着海洋强国战略的实施,我国制订了"深海进入""深海探测""深海开发"的战略计划。

深远海海洋工程的重要建设内容之一,就是设计和建造适用于深水条件下的海洋石油、天然气开采平台。在深水和超深水区域,因为无法使平台像近岸浅水区域平台一样直接通过海底支撑,所以一般都选用浮式平台。通过实践,设计人员逐渐提出了目前常用的张力腿平台、单柱式平台和浮式或船式生产、储油卸油装置等。

张力腿平台是矩形或三角形的平台结构,平台位于水面以上,为人们工作和生活提供场地条件,下部通过多条张力腿,也就是拉紧的钢索与海底相连。由于钢索始终处于拉紧的状态,因此平台只在平面上有较大的运动,也叫作平动,而摇动较小。这种平台的特点就是在深海区域作业时,运动性能较好,抗恶劣环境的能力较强,可为平台上的作业提供较好的条件。当需要移动平台时,

海洋工程做什么?

只要把钢索拖起，平台便可以移动，因此可重复利用，获得了较广泛的应用。

随着水深的进一步增加，张力腿平台中的张紧装置越来越长，其适应性就越来越差。人们结合实际工程的特点，对张力腿平台的基础进行改进，从而形成了单柱式平台。这种平台的总体结构是一个很大很长的直立空心的圆柱体，在其内部注入压舱水，让它的重心低于浮心，就可以依靠自身的浮力以直立状态漂浮于水面。与张力腿平台不同的是，单柱式平台由侧向悬链线（锁链）和锚碇装置固定于海底，因其重心较低、稳性较好而广受欢迎。因为它也是浮式结构，可重复使用，所以适用于边际油田的开发。目前人们进一步改进，提出采用多柱式的平台结构，使其性能得到进一步改善。

为了进一步提高平台的机动性能和适应大规模油气开采的需要，人们又提出并建造了深水钻井浮式生产储油卸油装置，以及钻井浮船。浮式生产储油卸油装置，可以为半潜式平台或船式平台，很明显，它们亦可依靠浮力漂浮在水面上，常用柔性钢丝绳或聚酯尼龙缆索系泊于海底，有的也采用制动力来克服波浪和海流的影响，使得船体保持在相应的位置上。

❖❖❖平台主要附属设施

很明显,深海采油平台的建设,是为了深海海底油气资源的开采和利用。为了将开采的油气资源外输,平台都会建设相应的配套系统,其中最主要的就是建立立管系统。立管系统就是将海底井口和海面上的储油浮体连接起来,用以将海底开采的油气传输到平台上的系统。立管可以建成刚性的或挠性的,或者二者相结合的。由于在深海区域,立管很长,在波浪、海流以及管内油气流动等作用下,会产生振动,也叫作涡激振动。当海流经过立管时,立管周围的涡会在其两侧交替地产生,使其脱离结构物表面,并在立管上生成顺流向及横流向周期性变化的脉动压力,从而可引起立管的振动,这种振动容易造成立管的疲劳或损坏。克服立管的这种振动是立管设计中的关键问题,也是深海油田开发过程中设计难度较大、较具挑战性的部分。

采集上来的油气需要外输到陆上有需要的地区,因此还需要考虑的配套措施就是油气的外输系统。具体采用什么样的外输模式,还要根据所采用的开发方式和浮式结构类型来确定。一种是直接从钢悬链管线输入海底的专门管网。这种方式必须有已建好的管网,在墨西哥

湾和北海使用这种方式的较多。另外一种是将油气通过上文所说的立管系统输送到深水平台,在平台上直接加工后再转载到油气船上输出。这种方式对于没有管网的区域,尤其是政治、军事不稳定的地区比较有效,可以避免管线遭到破坏和干扰,影响油气资源的开采。

当然,这里介绍的是主要附属设施。作为一个远离陆地、为独立进行油气资源开采生产和人们生活提供场地的平台,还会有一个庞大的、以方便生产和生活需要为目的的附属设施系统。整个系统需要精细化的设计,使其既经济又高效。同时,这些设施作为平台结构设计的一部分,应考虑其对于平台性能的影响。

❖❖❖深海平台的设计条件

在深海油气田的开发中,设计建造既经济又可靠的开采平台系统是海洋工程从业人员需要解决的重要问题。如上所述,深海开采由于水深较大,都采用浮式平台。浮式结构的优劣成为决定平台系统最终性能优劣的最核心部分,其设计和建造对深海工程项目的结果起着决定性作用。由于水深很深,水下结构承受的水压力很大,波浪力和海流力等都很大。同时,浮式结构通过锚链张拉力定位于海面,锚链很长,结构的受力情况比较复杂,容易产生疲劳破坏。因此平台设计时要进行多方案的比价,从性能、效益上做到优中选优。目前,虽然人们已经提出多种浮式结构,但还应根据具体海区环境,选取合适的形式并进行改进,对于各部位的性能和强度进行合理、精准的设计,得到一个安全、经济、有效的深海采油平台系统始终是海洋工程建设中的重要课题。

平台的设计一般会考虑两种条件。一是考虑生存条件,其所对应的海况称为最大的极限海况,通常取50年或100年一遇的最危险的海况,有的恶劣海况区域选取200年一遇或更高的标准。在极端海况情况下,工作人员可以撤离,但是要保证海洋平台本身的结构、锚泊系统有足够的强度,不会损毁或被冲走。海洋平台在极端海况下,可能会有一定的损失,比如停止生产,一些附属的构件遭到破坏等,但是平台的整体结构不能破坏,平台稍加修复即可恢复生产。二是考虑工作条件,也就是海洋平台受到特定条件的风、波浪、海流的作用时,平台上的各种仪器和设备都能安全运行,平台可正常生产作业。在这样的海况下,设计的平台的运动性能要满足作业要求,即平台的运动不影响生产,人员在平台上要有一定的舒适度。这个问题有时也可以反过来思考,当设计好一个

海洋工程做什么?

平台系统后,根据平台在不同海况条件下的性能,考虑平台上各种仪器和人员所能承受的平台运动情况,确定平台的作业条件,即平台工作时适于多大波高、海流和风速。总的来说,两种条件对于平台系统的要求是不一样的,生存条件强调的是平台系统的安全性,而工作条件强调的是平台系统在特定条件下的运行性能,因此,综合满足两种条件的要求是设计和建造一个理想的海洋平台系统必须考虑的问题。

➡➡**海上油气资源的运输——海底管线**

海上油气资源在通过采油平台开采后,输送到岸上的方式之一就是将开采的油气接入海底专门的管网中。由于油气通过管网传输,具有快捷、安全、经济、可靠的优点,因此海底管线或管网的设计和建设,对于油气资源的有效输送至关重要,是海底油气资源开发生产系统的重要组成部分。

海底管线,顾名思义,就是建设于海底的密封管道,和人们在城市中见到的管道类似。海底管线一般都采用钢管。为了防止海流冲刷影响管线的稳定以及船舶抛锚、渔船捕鱼和其他可能的海底活动对管线造成损害,管线一般都埋于海底。需要强调的是,作为海洋工程从业人员,应特别关注海底管线的冲刷问题,它是造成海底管线破坏的主要原因之一。因为海底环境复杂,管线受到波浪与海流的作用,所以其影响机理和可能产生的冲刷估算是管线设计需要考虑的重要因素。海底管线设计时需要考虑所输送的油气性质,充分参考管线周围的气象、海况、地形、地质等资料,选择管线的合理走向、规格和结构形式,保证使用安全。另外,海底管线常年受海水的侵蚀,防腐蚀也是需要慎重处理的问题。

海底管线建设的另一个技术问题就是管线施工时的铺设方法。因为要在很深的水下铺设管线,其难度是可想而知的。针对不同海况条件,人们设计出了海底拖拉、浮游或漂浮和铺管船等方法。海底拖拉方法就是将在陆上预制好的管线放入海底,用绞车或拖船把管线拖到设计的位置。很明显,对于长度较长的管线,这种方法需要很大的拖拉力才行,因此它只适用于水深较浅、管线较短的管线。浮游或漂浮法就是将欲铺设的管线用浮筒拖到海上铺设的位置,撤掉浮筒,使管线下沉到预定的位置。这种方法在拖运的过程中,受天气因素影响较大。铺管船法就是采用专门为铺设海底管线而设计的船舶来进行管线的铺设。这种专业的船上设有锚泊系统、托管架以

及可用于管线进一步加工的设备,一些管线的焊接和检查的工作可在船上进行。铺管时把船舶抛锚定位,然后把焊接好的管道从专用的托管架上逐渐放入海中。这种方法抗风浪的能力较强。

由于管线位于海底,管线在使用过程中的检测与维修相对比较困难。比如,如果在较深的水域发生油气泄漏,单靠人员下水是很难完成检测的,必须有一套检测技术与设备,以发现可能的漏点位置。因此,相关的检测和维修技术发展也是海洋工程研究人员需要重点关注和解决的问题之一。

➡➡探索深海的利器——深潜器

"上天入地"反映了人们对于世界的好奇以及探索宇宙的欲望。深海同宇宙一样,充满着许多的未知,人类对深海也充满着好奇,因此"潜海"也是人们努力探索的方向。水下世界丰富多彩,只有进入水下才能探知其奥秘。普通人下潜到 10 米左右便会到达极限,如果借助设备,一般可以下潜到 100 米至 300 米。因此,要了解海下几千米甚至上万米的世界,发展能够潜入水下,并能进行水下观察和作业的深水潜水装置(深潜器),成为必由之路。

深潜器可分为无人深潜器和载人深潜器等。无人深潜器也就是人们常说的水下机器人。无人深潜器可以采集水下标本,拍摄水下环境,进行水下资源和环境调查;可以进行深海石油资源的勘探与开发,检查及维修海底电缆和管道;可以协助人们进行水下救生与打捞;可以用于执行侦察、扫雷、布雷等军事任务。

载人深潜器的性能和下潜深度是国家科技和技术发展水平的象征。水中的压强是随水深呈线性增大的,深海中的压强非常大,为了保证深潜器的安全,必须发展高性能的材料以及先进的探测仪器。深潜器必须有优良的动力装置,才能下潜至较深的水中;必须设计人类可以生存的生活空间,包括氧气供给与二氧化碳吸收等环境控制装置。

我国先后自主研发了"蛟龙"号和"奋斗者"号等载人深潜器。其中,"蛟龙"号载人深潜器(图 19)的最大下潜深度为 7 062.68 米,理论上它的工作范围可覆盖全球99.8%的海洋区域。"奋斗者"号载人深潜器于 2020 年11 月 10 日,在马里亚纳海沟成功坐底,下潜深度达10 909 米,是我国深潜事业的重大突破。

海洋工程做什么?

图 19 "蛟龙"号载人深潜器

海洋工程相关专业图谱

业精于勤,荒于嬉;行成于思,毁于随。

——韩愈

我们已经知道了海洋工程是做什么的,那么国内高校中有哪些海洋工程相关专业? 都学些什么呢? 如何学好这些专业? 本部分主要来回答这几个方面的问题。

▶▶国内高校有哪些涉海专业?

目前,海洋已成为世界关注的焦点,我国也制定了以海兴国的发展战略。人们了解海洋、开发和利用海洋资源的愿望愈加强烈。顺应这种发展的需要,国内高校相继开设了涉海专业。

国内高校涉海专业大体分布在理学、管理学、农学和

工学几大门类中,其中理学具体包括海洋科学类的海洋科学、海洋技术、海洋资源与环境、军事海洋学等专业;管理学具体包括公共管理类的海事管理;农学具体包括水产类的海洋渔业科学与技术;工学具体包括水利类的港口航道与海岸工程,海洋工程类的船舶与海洋工程、海洋工程与技术和海洋资源开发技术,矿业类的海洋油气工程等。

这些专业虽然都与海洋相关,但不同学校根据各自学校整体发展的特点,对各专业的偏重点不同,有的专业偏重"资源",有的专业偏重"科学",有的专业偏重"技术",有的专业偏重"工程",有的专业偏重"管理"。这里仅介绍工学门类中与海洋工程相关的专业。

▶▶国内高校海洋工程相关专业设置

➡➡与海洋工程相关的专业概况

与海洋工程相关的专业主要有港口航道与海岸工程、船舶与海洋工程、海洋工程与技术、海洋资源开发技术等。

❖❖港口航道与海岸工程专业

港口航道与海岸工程专业,其大类属于水利类,二级学科属于港口、海岸和近海工程,为国家重点学科。该专业在我国是成立最早的,也是最为传统的涉海工程类专业,主要针对港口、海岸工程,国内有30多所高校开设了这个专业。最早开设这个专业的高校有大连理工大学、天津大学、河海大学等。随着海洋开发热度的提升及海岸和近海工程的发展需要,清华大学、浙江大学、上海交通大学、中国海洋大学、哈尔滨工程大学等高校增设了相关专业。该专业偏重于海上工程建筑,与土木工程专业有较多的重叠。

❖❖船舶与海洋工程专业

船舶与海洋工程专业也是重要的涉海工程类专业,其大类属于海洋工程类,二级学科属于船舶与海洋结构物设计制造,为国家重点学科。因为海洋平台与船舶的设计建造有相通之处,所以有的专业在设置时把海洋工程与船舶工程相结合,即船舶与海洋工程专业,也有的把它单独作为一个专业,称为海洋工程专业。与港口航道与海岸工程专业不同的是,该专业更偏重于海上设备或装备。国内有30多所高校开设了船舶与海洋工程专业,

海洋工程相关专业图谱

如上海交通大学、大连理工大学、哈尔滨工程大学、江苏科技大学、天津大学、哈尔滨工业大学、武汉理工大学、集美大学、浙江海洋大学等。需要说明的是,虽然各学校的专业名称均为船舶与海洋工程,但是基于培养目标的不同,有的学校侧重船舶,有的学校侧重海洋工程。

❖❖❖海洋工程与技术专业

海洋工程与技术专业是一些学校近期成立的专业,也属于海洋工程大类,主要是期望将传统的海洋工程专业与控制、信号处理等技术相结合,培养海洋高新技术开发研究人才。该专业同船舶与海洋工程专业有类似之处,也偏向于海上设备或装备。浙江大学、江苏科技大学、浙江海洋大学、海南大学等为数不多的高校开设了该专业。

❖❖❖海洋资源开发技术专业

海洋资源开发技术专业也属于海洋工程类,是为开发利用海上资源培养技术人才而设立的专业。海洋资源丰富多样,有生物资源、油气资源、空间资源等,中华人民共和国教育部所设定的这个专业涵盖了海洋中的各种资源,有15所高校开设该专业。但是各个学校根据本学校的学科优势,成立该专业的培养目标不同,有的以海洋生物资源的研究和开发为主,比如中国海洋大学;而有的以海洋空间资源利用为主,比如大连理工大学、河海大学等。因此,它们的培养目标、课程设置、培养方案都不相同。本书仅介绍与海洋工程相关的海洋资源(海洋空间资源)开发技术专业,其大类属于水利类,与港口航道与海岸工程专业一样,二级学科也属于港口、海岸和近海工程。该专业较传统港口、海岸和近海工程专业更注重政策和法规的学习,更强调环境保护、绿色生态在工程设计中的地位。

➡➡ **海洋工程相关专业的培养目标**

海洋工程相关专业的总体培养目标是通过实施高水平教育,培养适应社会主义现代化建设需要,德智体美劳全面发展的高素质复合型人才。培养的人才要熟练掌握相关专业技术方面的基本理论和基本知识,还要有一定的工程管理和人文科学等方面的知识。培养目标是具有广博的科学素养、深厚的人文素养、扎实的专业素养、创新探索精神和实践能力,还要具有国际视野,了解专业的国际发展情况和行业的发展趋势。

港口航道与海岸工程专业和海洋资源(海洋空间资

源)开发技术专业,都比较偏重土木工程,比如前文提到的港口工程、人工岛工程、护岸工程、河口治理工程等,可称为海上的土木工程专业。因此,培养的人才能将沿海城市岸线资源和所属的海域空间资源,当作城市空间的重要组成部分进行陆海统筹,可以从事港口和航道工程、海岸工程、围填海工程以及相近的水利工程、土木工程等领域的勘测、规划、设计、施工、科学研究、技术开发、技术管理等方面的工作。

船舶与海洋工程专业和海洋工程与技术专业,都偏重于设备或装备,如前文提到的海洋平台等。因此,其专业培养目标是培养一批具有海洋工程基本知识和海洋高新技术开发研究能力的高级专门人才。培养的人才要具有扎实的数学和力学基础,熟练掌握船舶与海洋工程的基本理论和专业知识,注重学科交叉,具备从事该行业工作所必需的基本技能,能够从事船舶与海洋结构物研究、设计、建造、检验、维修和管理等工作。

➡➡海洋工程专业课程设置情况

基于专业的培养目标,各专业安排了系统的学习课程。一般包括基础课程、专业基础课程和专业课程、实践课程、创新创业课程等。

❖❖❖ 基础课程

基础课程是支撑专业学习的理论基础性课程,所有工程专业的基础课程都大同小异,大多包括高等数学、线性代数、工程数学、概率论与数理统计、大学物理、普通化学、计算机程序设计等理论和技术基础课程,可为专业课程的学习打下理论基础。同时,还包括思政理论、人文课程以及丰富多彩的体育课程,以培养学生德智体美劳全面发展。总体来讲,高等数学、大学物理、普通化学等基础课程是所有后续课程学习的基础,必须熟练掌握。同时,计算机程序设计以及与专业相关的技术基础等是后续学习和工作的工具,也应成为熟练掌握的基本技能。

❖❖❖ 专业基础课程和专业课程

专业基础课程和专业课程是海洋工程专业学生所必须掌握的。由于不同专业的培养目标不同,所设置的专业基础课程和专业课程会有些不同。

港口航道与海岸工程专业和海洋资源(海洋空间资源)开发技术专业都偏重于工程建设,因此一般专业基础课程包括画法几何及工程制图、工程测量、理论力学、材料力学、结构力学、工程地质、土力学与地基、水力学、工

程水文学、钢筋混凝土结构、钢结构以及其他相关课程。这些课程也是土木水利工程相关专业要求掌握的知识。通过对这些课程的学习,学生能够掌握工程建设所涉及的基本知识,例如:地形测量和工程结构的三维视图绘制;物体运动的基本规律;工程建设材料本身在外力作用下产生的变化特性和导致各种材料破坏的极限;工程结构受力的分析方法及结构优化措施;流体的宏观运动规律和水动力特性;海洋工程环境水文,包括波浪、海流等的统计方法;工程建设与地质环境之间的相互作用;土体的力学性质和地基土承载特性;工程建筑中常用的钢筋混凝土和钢结构的计算和分析方法。

港口航道与海岸工程专业所涉及的专业课程主要包括海岸动力学、水运工程施工、港口规划与布置、港口水工建筑物、海岸工程、工程项目管理、河流动力学与航道整治、海洋生态环境保护与修复等。通过对这些课程的学习,学生能够掌握本专业所涉及工程项目的设计、施工和管理等知识,例如:海岸波浪及其对于海岸变化的影响;建设港口的规划以及平面布置,包括如何确定建设港口的泊位数量、大小,防波堤的布置等;海洋生态环境保护与修复,即海洋环境和海岸的变化情况以及海洋环境保护的工程措施；河流及海岸水动力特性及航道的设计、维护措施等；港口、海岸工程的施工方法和技术以及工程的管理；等等。

海洋资源（海洋空间资源）开发技术专业的专业基础课程和专业课程与港口航道与海岸工程专业有所区别，主要包括海洋环境与荷载、海岸动力与地貌学、水工钢筋混凝土结构、海洋资源与管理、海洋地理信息系统及数字化技术、海洋空间开发利用规划原理与方法、海洋空间开发利用水工建筑物、海洋生态环境保护与修复、建筑法规、城市规划概论、滨海景观学、海洋空间资源开发工程VR和BIM技术、水运工程施工技术与管理、海域使用论证与海洋环境影响评价等。该专业的专业课程与港口航道与海岸工程专业的专业课程的主要区别在于，增加了海洋空间资源开发利用的规划、海洋环境保护、滨海景观以及建筑法规和管理等方面的知识，注重海洋环境保护意识、海洋开发中的法规与管理方法、海洋空间资源开发与沿海城市建设融合意识等方面的培养。

对于船舶与海洋工程专业，由于其偏重于设备和装备，除基础课程外，需要系统地开设与本专业相关的专业基础课程和专业课程。相关课程主要包括海洋工程环

海洋工程相关专业图谱

境、理论力学、材料力学、流体力学、船舶与海洋工程制图、船舶结构力学、船舶图形学、船舶静力学、船舶阻力与推进、船舶耐波性、船舶设计原理、船舶建造工艺、船体强度与结构设计、海洋平台设计原理等。通过对这些课程的学习，学生能够掌握系统的专业知识，例如：船舶与海洋工程的海洋环境要素；物体运动的基本规律；工程建设材料在外力作用下产生的变化特性和导致各种材料破坏的极限；流体运动状态、水动力特性以及流体和结构作用后的流体特性；船舶和海洋平台结构受力的分析方法；船舶航行时的阻力和推进的计算和分析方法；船舶在风、波浪、海流作用下的稳性和强度分析；船舶的设计和建造、强度和结构设计的理论和方法；海洋平台的设计理论和方法；等等。

海洋工程与技术专业偏重于工程与技术相结合，其核心课程增加了海洋工程设计工具、海洋工程数学基础、水声学原理、自动控制、微机原理与接口技术、信号与系统、信号处理与通信、传感与检测技术、海洋管理概论等。该专业具有很强的学科交叉性，课程涵盖海洋、电子、信息、机械等学科内容。

❖❖❖实践课程

学习专业基础课程和专业课程的目的是解决工程设计和施工、设备和装备的设计和制造等问题,能够学以致用。因此,为了提高学生的实践能力,与不同阶段专业基础课程和专业课程的学习相配套,各专业都安排了相应的实习内容,包括认识实习、生产实习、专业实验、课程设计、毕业设计等实践课程。通过认识并了解专业所从事的工作,到参与实际工作,再到相应的室内实验,直至进行专题设计练习和实际项目设计练习等一系列实践,学生可以把学习的知识融会贯通,提高理论联系实际、从理论学习到实践应用的技能,成为一个合格的专业技术人才。

船舶与海洋工程专业涉及设备制造,因此还会安排学生进行金工实习。在实习中,学生可以了解设备制造生产过程中机械零件制造的一般过程、基本工艺知识以及一些新工艺、新技术在设备和装备制造中的应用。

海洋工程与技术专业的学习目标是工程与技术有效结合,因此实践课程还包括海洋认识实习、海洋观测实习、物理海洋学实习、海洋遥感实习等,以便较全面地了解涉海工程相关技术。

海洋工程相关专业图谱

❖❖创新创业课程

除了上述综合课程，海洋工程各专业还根据技术发展的情况，实时开设跨学科交叉课程、个性发展课程、创新创业教育课程、创新创业训练计划等，以便培养学生的创新能力。

➡➡海洋工程专业毕业生应具备的素质

经过大学的系统学习，海洋工程专业毕业生主要从事海上工程的建设和运营管理等工作，因此需要有较高的基本素质和专业素质。

❖❖毕业生的基本素质

海洋工程涉及的环境复杂，工程或设备一般都比较庞大，有些工程还是水下工程。为了保证工程建设和设备制造的质量，并使工程项目的效益最大化，海洋工程专业毕业生首先要有良好的工程职业道德和社会责任感，同时还要有深厚的人文科学素养以及创新实践能力，能够在工程实践中理解并遵守工程职业道德和规范，理解并履行应承担的责任。

另外，海洋工程专业毕业生应具有健康的身体和良好的心理素质,同时有较强的逻辑思维能力,有较好的团队合作能力,有吃苦耐劳的精神,并具备宽阔的国际化视野。

❖❖ 毕业生的专业素质

海洋工程专业毕业生应具有科学、工程和人文三方面的专业素质。

港口航道与海岸工程专业、海洋资源(海洋空间资源)开发技术专业的毕业生主要从事海上工程建设方面的工作,因此要求毕业生掌握港口、海岸工程建设所必需的基本理论和基本知识,经过必要的工程设计方法、施工管理方法和科学研究方法的基本训练,能够应用数学、自然科学、工程基础和专业知识解决复杂的工程问题。具有工程测量、科学运算、实验和测试、工程设计与施工等方面的基本技能,能够设计针对复杂工程问题的解决方案,设计满足特定需求的系统或工艺流程,并能够在设计环节中体现创新意识,考虑社会、健康、安全、法律、文化以及环境等因素,能够基于工程相关背景知识进行合理分析,评价复杂工程问题的解决方案。

船舶与海洋工程专业、海洋工程与技术专业的毕业

海洋工程相关专业图谱

生主要从事海上设备和装备的设计和制造方面的工作，因此毕业生要掌握数学、力学、船舶与海洋工程的基本理论和基本知识，掌握船舶和海洋结构物的力学分析方法、设计建造和施工管理等方面的专业知识，具有应用计算机进行分析、设计、制图和工程管理的能力，熟悉船舶与海洋工程领域的法规、行业要求、海事公约和规范标准，了解船舶与海洋工程开发研究的学术前沿和先进设计制造理念，具有从事船舶与海洋工程结构物设计、建造和开展船舶与海洋工程领域科学研究、技术创新的基本能力。

▶▶**如何学好海洋工程专业**？

对于刚入门的学习者，建议首先弄明白：海洋工程是什么？自己将来要做什么工作？如何培养自己的能力？专业的核心理论和主干课程是什么？弄清楚这些问题方可有的放矢、有目的性地学习。

海洋工程专业是一门工学学科，目的是通过理论学习和工程实践，培养海洋工程建设领域的高级工程技术人才，其特点是理论与应用联系比较紧密。因此具有良好的学习习惯是学好相关专业的有效途径，也是今后事业取得成功的基础。

➡➡**课堂学习**

　　不同的海洋工程专业学科都为学生安排了系统的基础课程、专业基础课程和专业课程的学习。传统的课前预习、课堂积极提问、课后做好复习等是学好这些课程的有效方法。学好这些课程，熟练掌握相关知识，才可以为进一步的工程实践打下重要的理论基础。需要特别指出的是，大学从低年级到高年级的课程是一个课程体系，低年级的基础课程是高年级的专业课程的基础。这就如同三大力学是进行建筑物结构计算所遵循的基本理论一样，只有学好工程环境方面的课程，才能对海洋工程设计的影响因素有全面的了解。因此在学习的过程中，没有所谓的重点课程，要把所学的知识融会贯通，尤其是要理解所学的知识所包含的物理机制，把学到的知识用于实践是至关重要的。

➡➡**参与讨论**

　　在课堂学习的同时，多向他人请教会达到事半功倍的效果。善于向他人学习，是自我提升的一条捷径。我们要想学好自己的专业，一定要多向身边优秀的人学习，多向老师、同学请教，善于学习别人的优点。从别人的言谈中去学习，从别人的批评中去学习，让自己的知识和理

海洋工程相关专业图谱

论与从事的工作更好地结合在一起，从而提高利用所学知识解决实际问题的能力。海洋工程专业的特点之一是对于所研究或设计的建筑物或设备往往没有统一的答案，不同的人可以对同一个工程问题提出不同的设计方案，因此需要利用所学知识找到性价比最优的解决方案，此时多与人交流可以达到事半功倍的效果，比如说，对于某一工程方案或工程结构形式，结合自己所掌握的知识，每个人都可以提出自己的见解，分享自己的想法，就会产生思想碰撞，有可能找到最优的解决方案。

➡️➡️**实践锻炼**

　　学以致用，对于工科学生来讲尤其重要。海洋工程相关专业就是典型的应用型专业。在前文提到的培养目标中，要求毕业生有较强的实践能力，因此各个专业在不同阶段也都安排了系统的实习课程，目的是结合理论学习内容，培养学生利用理论知识解决实际问题的能力。因此，学生要重视实习课程的学习和训练，多思考，多动手，把学到的理论知识融会贯通，熟练地应用到工程实践中，从而锻炼自己发现问题、解决问题的能力。比如说，测量实习要求学生对于某一区域的地形进行完整的测量并绘制相应的地形图，这一点对于工程建设来讲非常重要。再比如说,生产实习,要求学生到工程现场,针对不同的施工环节进行参观并亲手操作,从而了解各道工序在施工中存在的问题,这对于工程建筑物的合理设计是很重要的。总而言之,实践出真知,通过实践可以更好地理解课本知识,从而提高解决实际问题的能力。

➡ ➡ 课外学习

所有大学的图书馆都为学生提供了宝贵的资源。除了向课堂学习、向他人学习外,还要善于利用图书馆提供的条件,以图书馆为好伙伴,通过图书、报刊,多多了解所学专业国内外的发展现状和趋势,尤其是海洋工程方面的新技术、新装备、新设施等,作为课堂学习的补充。这样不仅可以学到新的知识,了解本领域的技术进展,还可以充分提高自己的学习兴趣和学习欲望。当然,现在网络发达,利用好网络为我们提供的便利条件,快速了解行业的动态和发展趋势,亦可达到事半功倍的效果。前文的培养目标中也谈到,海洋工程专业的学生要有国际视野。国际视野从哪里来呢?最直接的途径就是利用国内外各种专业杂志,比如国内的《海洋工程》《水动力学研究与进展》《水运工程》等,国外的 *Ocean Engineering*、*Coastal Engineering*、*Applied Ocean Research* 等。这些

杂志发表的都是相关技术发展的最新成果，可根据自己的需要，通过浏览、细读等方式，了解当前海洋工程专业发展的新思想、新装备、新趋势等。这对于学生开阔视野，进行创新性的学习很有帮助。

➡➡交叉创新

如今，海洋工程的结构越来越复杂，集成的功能越来越多，设计者很难应用单一学科知识来完成整个结构设计，设计者需要掌握或了解多学科知识。因此，学生在学习期间，应注重跨学科知识的学习，通过第二学位或者辅修等方式了解与掌握更多跨专业知识。另外，学校一般都建立了不同的跨学科创新平台，为学生提供了各种各样的创新项目。学生要利用好这些创新平台和项目，结合自己的特长，学习与相关学科交叉的知识，进行创新实践，从而进一步提升自己的创造和创新能力。比如，学校或全国性的结构大赛，需要参赛学生根据自己掌握的知识，独立设计出具有较好功能、结构稳定、可行性好的结构形式。再如，平台设计专题需要学生团队设计出性能优良、性价比高的结构形式，或跨学科交叉，实现平台功能的自动化。

总之，大学是打基础的阶段，无论以后做什么工作，系统学好基础知识是今后事业成功的关键。可以先设好目标，给自己一个人生定位。学习目标不同，学习的侧重点会有一些区别。如果你想继续攻读研究生，取得博士学位，并成为该领域的一名教授，就需要在学好专业知识的同时，在基础理论和某一研究领域进行更深度的学习和研究。如果你想成为该领域的一名技术专家或企业家，就要在知识的广度上有所侧重，甚至学习一些管理方面的课程。总体来讲，确定自己的职业发展目标是非常重要的。有了目标，学习将更有方向，也会更有动力。

什么是海洋工程？

海洋工程行业的发展和机遇

长风破浪会有时，直挂云帆济沧海。

——李白

　　随着社会和经济的进一步发展，海洋经济已成为未来各国竞争的重要领域，这给海洋工程行业带来了重要的发展机遇，也带来了挑战。海洋工程领域需要创新性发展，需要人们发明新技术，发展新装备，提出新的发展理念。

▶▶发展的未来——国家海洋战略

　　进入 21 世纪，由于世界人口的快速增长，人们对于资源的消耗也在大幅增长，因此海洋资源成为世界各国关注的焦点，海洋经济在国家发展战略中的地位大幅提升。海洋已经成为世界政治、经济、军事竞争的主要领域之一。各国为了最大限度地开发和利用海洋资源，制定了海洋发展战略，如美国于 1999 年提出了"回归海洋，美国的未来"的内阁报告；加拿大于 1997 年出台了《海洋法》，并制定了 21 世纪海洋战略开发规划；澳大利亚制定了以综合利用和可持续开发本国海洋资源为中心的 21 世纪海洋战略规划；日本的中心目标是在 21 世纪成为海洋强国。

为了顺应世界发展的潮流和国家发展战略的需要，党中央、国务院适时地提出了"逐步把我国建设成为海洋经济强国"的宏伟目标。习近平总书记指出："21 世纪，人类进入了大规模开发利用海洋的时期。海洋在国家经济发展格局和对外开放中的作用更加重要，在维护国家主权、安全、发展利益中的地位更加突出，在国家生态文明建设中的角色更加显著，在国际政治、经济、军事、科技竞争中的战略地位也明显上升。"坚持"以海兴国"的民族史观，使中国崛起于 21 世纪的海洋，是事关中华民族生存与发展、繁荣与进步、强盛与崛起的重大战略问题。

▶▶海洋资源开发利用面临的问题

虽然人类在海洋资源开发利用方面取得了一定的进展，但是海洋资源开发利用还面临许多值得探讨的问题，存在许多不合理的现象。由于海洋渔业资源开发利用过度，捕捞强度超过了海洋渔业资源再生能力，因而传统渔业资源消失，部分渔业种类资源枯竭，优势种类资源更替加快，生物多样性降低，导致生态系统结构和功能改变，海洋渔业资源可持续利用受到制约。随着沿海地区的社会和经济活动的增多，大规模围填海工程占用了大量的天然海岸线。由于缺乏有效的统筹规划，海岸线资源粗放式管理，沿海各地临港工业、交通运输业等项目重复建设，沿海地区海岸线资源的整体功能难以发挥。同时，海洋资源开发能力也显不足，海洋油气的勘察与开采能力相对较弱，尤其是在深海区域，装备与技术水平还有很大的发展空间。全世界的海洋面积约占地球总面积的71％，随着人口增多，陆地空间不足，有效利用海洋空间资源，拓展人类生存空间，值得人们探索和开发。

另外，随着科学技术的进步和海洋资源开发技术的发展，越来越多的国家开始重视深远海资源的开发。深海油气资源、海底矿产资源、深海生物资源、远洋渔业资源的开发已成为国际海洋资源开发的热点。深远海资源开发是一个复杂而庞大的系统工程,已成为海洋资源开发的大趋势。

有效、可持续地进行海洋资源的开发利用是实现"以海兴国"战略目标的重要途径。由于海洋的生态环境,尤其是近海的海洋生态环境的承载能力有限,因而必须坚持科学开发海洋资源,开发与保护相结合,提高海洋资源利用效率,实现海洋资源的合理有效配置,按照整体、协调、优化和循环的思路,建立绿色开发利用海洋资源的新模式,实现海洋资源的合理开发与可持续利用,促进环境、资源、经济、社会的良性发展。

我国近海环境污染呈交叉、复合态势,海岸带和海洋关键自然资源存量锐减,海洋生态系统服务功能下降,局部海洋区域环境资源承载力已达极限,沿海地区发展空间被进一步压缩。海洋渔业资源开发利用过度,渔业种群再生能力下降,海洋渔业资源可持续利用受到制约。

我国近海油气资源开发进入平台期,产能上升空间有限,进口原油对外依存度已超过50%的能源警戒线,国家能源安全形势严峻。因此要走向深远海,通过提高深远海工程建造技术,带动资源的开发,充分发挥其纽带、

辐射和牵引作用,进一步推动海洋资源的开发利用。深海资源开发能够拓展国家战略资源储备和国家战略空间,是可持续发展的必然要求,也是建设海洋强国的必经之路。

▶▶海洋工程科技创新发展——走向海洋的基础

➡➡海洋工程装备和技术创新是有效进行海洋资源开发利用的基础

随着我国经济的发展,人们的生活水平不断提高,对各类资源的需求不断增加。陆地资源已很难满足人民群众日益增长的物质需求,而蕴藏着丰富生物资源、油气资源、矿产资源的海洋成为人类未来资源的宝库。近一个世纪以来,虽然我国在海洋工程建设领域取得了飞速发展,但是随着海洋资源开发的深入,海洋资源的开发和利用逐渐从浅海走向深海,面临的海洋环境也越来越恶劣和复杂,开发深度和难度也在不断加大。海洋工程装备和技术创新是进行海洋资源有效开发和利用的重要保障。勘探开发深海矿产、开发利用海洋深水油气资源和海洋可再生能源等,都需要大力发展海洋工程科学技术。

➡➡ 海洋工程装备和技术创新是建设海洋生态文明的重要支撑

随着海洋在粮食来源、食品安全、生态服务和保障民生等方面的重要性的提升,保护海洋生态环境成为我国生态文明建设不可缺失的组成部分。随着小康社会建设的不断深入,人民群众对优美洁净的海洋生态环境的需求越来越迫切。海洋生物资源持续、高效、多功能利用,保障海洋食品安全,是关系国家未来发展的重大问题。而做好海洋生态文明建设,需要深刻了解和认识海洋的自然规律,处理好海洋开发和海洋环境保护之间的关系,需要探索沿海地区工业化和城镇化新发展模式,需要推进海洋生态科技和综合管理制度创新。这些都离不开海洋工程装备和技术创新的支撑。

➡➡ 海洋工程装备和技术创新是海洋权益保护的坚强后盾

我国海岸线绵长,贸易航线遍布全球。南海是我国固有的领土,南海深海资源的开发与利用、南海岛礁的开发与保护等不仅仅是资源的利用问题,也是保护国土完整的国家安全问题。因此发展海洋工程装备与科学技术,是应对国际发展新形势、抢占海洋战略制高点和维护

国家海洋权益的迫切需要。大力发展海洋工程装备和科技创新技术,在争议区域、公海大洋和南、北极地区进行调查和宣示存在,保障海上战略通道顺畅,对我国提出正当领土诉求和维护自身海洋权益具有重大意义。

▶▶ 海洋工程行业的发展前景

目前,全球科技进入新一轮的密集创新时代。世界科技发展日新月异,社会经济快速发展,人们开发利用海洋资源的欲望和需求更加强烈。虽然我国在海洋工程建设领域起步晚,起点低,但发展迅速。海洋探测、海洋运载、海洋能源、海洋生物资源、海洋环境和海陆关联等重要工程技术领域呈现出快速发展的局面,有些技术已走在世界的前列。海洋工程技术成为推动我国海洋经济可持续发展的重要因素。

然而,我国海洋工程技术的整体水平还落后于发达国家,海洋资源的开发与利用还面临着许多挑战。目前关于海洋工程技术的创新能力还不足,需要研发新技术、新装备来支撑海洋新兴产业的发展,因此海洋工程领域的科技发展大有前途。

受科学技术日益发展的推动,海洋工程领域也向着高技术方向发展,强调陆海统筹、绿色、智能化发展,努力构建创新驱动的海洋工程科学技术体系,全面推进现代海洋工程的发展。为此,国家对海洋工程科技创新给予了重大支持,促进了海洋工程领域科技的进步,同时推进了现代海洋资源产业的发展,使得海洋工程领域的发展进入新的阶段。

➡➡蓬勃发展的海洋工程现代化

❖❖现代港口航道与海岸工程的建设和发展

港口航道与海岸工程的发展时间较长,发展也比较成熟。但是随着现代技术的发展,港口航道与海岸工程的发展也要做到与时俱进。对于新建工程,有新的功能要求;对于已有工程,对其进行改进,使其适应现代化的需要。

生态化的要求是目前工程建设需要重点关注的问题之一。随着人们生活水平的不断提高,人们对于海岸环境的要求越来越高。在港口航道与海岸工程的建设过程中,提出了生态化的港口和海岸建设要求,也就是在保持工程原有功能的同时,工程设施的建筑需要考虑生态化要求,工程设施的设计需要注重景观性,并与海上观光相

结合。

大型、智能化运行港口是未来新型港口建设的目标。随着港口规模的增大，如何提高港口的运行效率，是现代化港口建设和管理的重要内容。

随着船舶大型化趋势的加剧，越来越多的离岸深水港口的建设被提上日程。因为离岸水深深，环境条件差，传统的结构形式和建设模式已不适用于离岸工程深水港口的建设，所以需要开发新型的工程结构形式。

针对服役期较长的港口和海岸工程，利用已建港口水工建筑物的检测和修复技术，结合现代工程建设技术，可使旧的工程焕然一新。

另外，陆海统筹发展、海岸生态的修复和建设，也是海岸工程建设领域的重要发展方向。

❖❖ 现代化海洋牧场的建设和发展

随着科学技术的进步，海洋生物资源已经成为各国重要的食物来源和战略后备基地。海水养殖已经成为对粮食安全、国民经济和贸易平衡做出重要贡献的产业。虽然我国在海洋牧场建设中取得了一定的进展，但还是面临着诸多问题和挑战。目前，我国近海渔业资源衰退，因此近海渔业资源可持续利用是我国发展战略的必然要求。为此,发展近海渔业资源养护技术是一个迫切的任务。除了可持续的捕捞技术、近海渔业资源监测技术、增殖放流技术等,人工鱼礁的海洋牧场构建技术是近海海洋生物可持续发展的关键之路。现代化海洋牧场在实现渔业持续高质量生产的同时,要与海洋环境保护、资源养护等有机结合起来,做到绿色养殖;要具有生态环境和渔业资源的高精度实时监测、灾害预警功能;还要具有风险防控和安全保障能力;等等。为了保障海水养殖业健康持续发展,迫切需要高效利用有限的水资源与海域空间资源,大幅度提高单位水体的产量,提高养殖操作自动化程度,发展深海离岸大型网箱养殖,开拓外海空间。开发建设具有多功能的海洋牧场工程设施是发展现代化海洋牧场的重要基础,而其中新型海洋工程设施的研究与开发是实现这些目标的基础。

➡➡海洋资源利用创新技术

❖❖海上可再生清洁能源开发技术的创新

风能、潮汐能、海浪能、温差能等海上可再生清洁能源的开发技术仍然处于初级阶段,能源利用效率还较低。

海洋工程行业的发展和机遇

海上可再生清洁能源的开发与利用现在以分布式能源的方式作为主导能源的补充，未形成大规模的产业。因此，创新发展与之相关的工程技术，可促进海上可再生清洁能源的有效开发和利用。

❖❖❖海底矿产资源开发

除了油气资源，海底蕴藏着丰富的矿产资源。目前人们还未进行大规模的海底矿产的开采和利用。随着人口的增多、经济的发展以及环境保护的需要，陆上矿产资源将越来越不能满足社会发展的需要，人们势必会将眼光投向海洋，针对海底矿产资源开发的海洋工程将会成为重点研究的热门之一。

❖❖❖海洋旅游开发

随着人们对高品质生活的追求，海洋旅游逐渐成为一种旅游时尚。海洋旅游具有巨大的潜在需求。海洋工程不仅可以大大拓展海洋旅游的范围和空间，而且可以大大丰富海洋旅游的内容和方式。海洋旅游的发展路径是从浅海走向深海，从水面走向水下。当然，深水海洋旅游的开发和建设的技术难度更高。深水海洋旅游的开发和建设取决于海洋工程的技术发展水平。以海洋旅游为基础的海洋工程业务或将成为一个前景广阔的海洋工程建设领域。

❖❖❖深远海海洋油气资源开发设备创新

深远海海洋油气资源的开发是未来重要的发展方向。随着开发深度的增加,传统的单柱式平台、张力腿平台、浮式平台和船式储油平台等不能完全适应深远海的海洋环境条件,尤其是在几千米甚至上万米水深的条件下,传统的平台结构、锚链系统和立管系统等会出现很多问题,需要开发新的设备和设施。因此,深远海海洋油气资源开发设备的创新发展,成为开发深远海海洋油气资源的重要保障,也是海洋工程的重要发展方向之一。

➡➡海上生活空间利用新概念

随着地球上人口数量的增加,陆地资源越来越匮乏,人类向海洋索取资源、索取空间已成为必然趋势。海洋水面和空间利用工程蓄势待发。当前,全球多家机构已提出海上大型综合性平台的概念设计方案,海洋空间站的构想也被列入美国、日本、法国等许多海洋强国的战略行动计划。例如,美国开发了 NR-1 深海作业平台,制订了基于核潜艇技术改装的深海空间站方案。日本制订了

2 000米潜深的深海空间站方案,等等。海洋水面和空间利用工程将大大拓展人类在蓝色星球上的生存和发展空间,造福于子孙后代。海洋水面和空间利用工程将开启海洋工程产业的新天地。也许未来有一天,人类会把军事基地、实验室、花园、公寓等设施移建海上。如果这一切成为现实,服务于海洋水面和空间利用的海洋工程,就会像当前随处可见的陆地建筑工程一样,遍布世界各大海域。届时,海洋工程产业的主要业务之一,或许就是为海洋水面和空间利用提供工程服务。

❖❖❖海上漂浮城市建设

除了传统的修建人工岛来扩大陆地空间外,人们提出了海上漂浮城市的概念。

所谓海上漂浮城市,目前还是一个比较广泛的概念,它是指一种漂浮于海上的巨大浮式建筑物,可由水上、水下多层建筑组成,类似于一个每层包含多种功能区域的楼房。海上漂浮城市可以拥有完全自给自足的生态系统,包括畜牧养殖区、废物处理中心、住宅区、娱乐区、体育场以及与内陆连接的水下隧道和船舶泊位。

日本曾有人提出在沿海城市近岸浅海海域兴建海上

漂浮城市的设想。用上万个大浮筒排列成 1 平方千米的面积,然后铺上厚钢板,相互焊接好,海上漂浮城市就在这个庞大的基地上兴建,并可建立多层建筑。同样,海上漂浮城市也具有独立的生活系统。

法属波利尼西亚政府提出的海上漂浮城市的概念,实际上是由多个互相连接的五边形人工岛构成的。每个五边形人工岛都是一个独立的建筑。用桥梁将各个五边形人工岛连接起来。为了减小波浪的影响,外围采用防波堤掩护起来,整体看上去就是一座漂浮在海上的城市。

海上漂浮城市的概念,为未来解决陆地土地资源紧张的问题带来可行的思路。由于海上漂浮城市占用水域面积巨大,其环境影响、浮体结构设计理论、完整的生态系统设计等需要人们进行系统的研究。

✦✦深海空间站

人们现在听得比较多的是太空空间站的建设,就是在太空中建设可以供科研人员居住并进行科学研究的航天运载器。与此类似,人们也提出了在水下建立可供科研人员居住并进行水下科学研究的工作站,因为其一般建于深海,故称为深海空间站。建立深海空间站能更好

地探测、开发海底庞大的生物和矿产资源。

小型的深潜器亦属于深海空间站,我国在深潜器方面的研究已经取得了很大的进展。未来,将开展可以在海底长时间驻扎的深海空间站等重大项目研究。由于其坐落于很深的海底,安全性是技术的首要难点。对深海空间站进行设计、建造等成为海洋工程专业的未来梦想。

❖❖❖ 水下城市

与海上漂浮城市相对应,人们提出了水下城市的概念。地球表面约71%被水覆盖,在水中有足够的空间资源可以利用。为了拓展人类的居住空间,是否可以在水下建立可供人类居住、生存并发展的建筑群落呢?从理论上讲是可能的。事实上,我国香港、青岛、大连等地已经建立的水下博物馆、水族馆等,本质上就是建立在水下、供人类活动的空间。但是要符合人类长期居住的条件,同样需要在水下建设一定规模的建筑群落,同时建设独立的生态系统及与陆地连接的设施。虽然目前这样的水下建筑群落还仅存在于人类的设想之中,但未来一切皆有可能。图20为海底城市构想。

118

图 20　海底城市构想

➡➡极地海洋工程

随着气候变暖,北极海冰有快速融化的趋势,北冰洋有可能成为一条极具战略意义的海上能源运输大通道。从中国出发,经北极东北航道前往欧洲,要比传统的经马六甲海峡、苏伊士运河航线缩短 3 000 余海里,因此北极航运对我国具有特殊重要的意义。另外,北极地区蕴藏丰富的石油、天然气等资源,亦成为各国抢占的资源宝地。

由于北极处于高纬度地区,在常年覆盖冰的海域进行海洋工程的建设目前还是一个比较大的挑战。海冰的减少,使得波浪对海岸的侵蚀作用增强,如何在逐渐融化

的冻土地基上修缮或新建港口、码头等海岸工程设施是首先需要解决的问题。另外，如何提高商船的破冰能力也是顺利通过北极航线需要考虑的问题。为更好地打造"冰上丝绸之路"，加强北极航道的开发与利用，大连理工大学于 2016 年 11 月成立了极地海洋工程研究中心，开展北极航运相关工程研究。该中心充分整合了大连理工大学海岸和近海工程国家重点实验室、工业装备结构分析国家重点实验室和船舶制造国家工程研究中心的研究力量，发挥大连理工大学在海洋工程领域的科研优势，致力于极地海洋和海岸工程领域的科学和工程研究，为国家重大需求提供支持。

另外，关于极地工程的建设，有待突破的研究和技术包括极地环境、冰载荷、极地船舶设计和建造技术、极地海洋平台设计及建造技术、极地通信技术、极地装备材料技术等。

➡➡海洋工程基础理论的创新

随着海洋工程向深水化、大型化、智能化发展，很多新的科学问题需要人们进一步进行基础理论的探索，为提高海洋工程建设水平提供理论基础。进一步提出新的波浪、海流等海洋环境因素的变化特征和物理机制的分析方法，提高对于海洋环境因素的认识和准确表达，为海洋工程的设计和建造提供基础；进一步建立高效、准确的波浪、海流等海洋环境因素对于工程建筑物的作用、工程建设对于海洋环境的影响、海洋生态和环境的演化等计算分析和评估方法，为港口、海岸和近海工程的建设提供技术保障；进一步建立深海海域波浪、海流等对深水海洋平台、超大型浮式结构物等海洋工程结构物作用的分析理论与方法，为深远海海洋资源开发的建设提供理论基础。

海洋资源开发中会有很多管线结构物，发展复杂海洋环境下管线结构物的设计理论、安全评估技术等，也是海洋工程理论体系的重要组成部分。

深远海大型平台组块的安装、水下生产系统的安装、海底管线的铺设安装等技术，也是需要发展的方向。

海洋工程建筑物建好后，并不是一劳永逸的。在复杂的海洋环境下，海洋工程建筑物的安全监测、安全评估、振动控制等安全运行和维护技术也是海洋工程中非常重要的方面。

随着信息化技术的进一步发展，推动海洋工程在设

计、建造、安装、运行、维护等方面的信息化建设是提升海洋工程建设水平的重要方向。

此外，对于远海区域岛礁的研究、开发与利用也是海洋工程的重要课题。岛礁地形与常规的海岸地形不同，其外侧坡度陡，岛礁上有一定面积的礁坪。在岛礁空间利用与开发中，发展波浪对于岛礁上的建筑物的影响、岛礁工程建设对于岛礁生态和环境的影响等分析和评估理论，对于岛礁空间可持续开发建设具有重要的意义。

就业前景

海阔凭鱼跃,天高任鸟飞。

——阮阅

学习是为了发挥个人的聪明才智,实现自我价值,为国家和社会做贡献。海洋工程领域是一个可以提供广阔发展空间的领域。本部分介绍选择海洋工程专业的理由和毕业生的就业方向,希望为读者提供有益的参考。

▶▶选择海洋工程专业的理由

在报考志愿之前,绝大多数高中生对各专业缺少了解,如果仅从社会热度出发,可能会选择计算机、金融等一些大众化的专业。然而,这些专业的工作性质不一定适合每一个人,而且几乎所有学校都开设相关专业,并不一定存在竞争优势。因此,在进行专业的选择时,还要结

合自己的性格、行业的发展趋势和专业特点等选择一条
适合自己的职业发展道路。

就海洋工程专业来讲，以下五个特点可作为高考生
选择其进行专业学习的理由。

➡➡**前景光明的行业**

"21 世纪是海洋的世纪。"党的十九大报告提出："坚
持陆海统筹，加快建设海洋强国。"习近平总书记也多次
强调了海洋在国家经济发展、对外开放以及国家主权维
护中的地位。人类逐渐由近岸走向深海，不久的将来，人
类将实现"上九天揽月，下五洋捉鳖"的宏伟梦想。

➡➡**多学科融合的学科**

海洋工程行业已不再是传统意义的土木工程和水利
工程。随着科技的进步，新型的大数据、人工智能、深潜
器等技术和设备也逐渐融入海洋工程。数字化、智能化
的海洋工程设备开发、海洋工程新概念与新技术等已成
为未来的重要发展方向。需要多学科的融合发展，为海
洋工程专业的从业人员提供了创新、创造的舞台。

➡➡继续深造机会多的行业

目前,很多学生在本科学习结束后会选择继续深造,攻读研究生。海洋工程专业经过几十年的发展,已经形成了完备的知识体系、广泛的研究方向、雄厚的师资力量,建设了众多的国家级实验室,学术气氛浓厚,为该专业学生继续深造提供了广阔的空间和更多的机会。

➡➡"历久弥香"的职业

与一些行业知识更新快、行业工作强度高不同,海洋工程行业类似于医学、教育学等行业,更注重个人的行业经验积累。随着从业时间的增长,专业知识会更扎实,知识面也会更宽广,实践经验也更丰富,从而会越来越得到用人单位的重视,个人职业道路会越走越宽广,越走越顺利。

➡➡彰显个人成就感的职业

海洋工程行业是服务公众和社会的行业,个人对大众和社会的贡献能够得到很好的体现。试想一下:城市交通拥堵因为您建造的跨海大桥得到了缓解;海滨公园的生态环境因为您设计的方案得到了极大的改善;一架架飞机正从您设计的海上机场起降;一座座海上风机正

随风转动,为千家万户送去清洁能源;一艘艘油轮正在码头装卸油气;巨大的海洋油气开采平台驶向深海。在这些时刻,作为一名海洋工程的从业者,成就感会油然而生。

▶▶毕业生的就业方向

大学中,海洋工程相关专业的共性是都属于涉海工程专业。但是有些海洋工程专业偏重土木,如港口、海岸工程专业和海洋资源(海洋空间资源)利用专业。有些海洋工程专业偏重技术,如海洋技术专业。而船舶与海洋工程专业偏向设备和装备的设计和建造等。但是由于其均为涉海工程专业,学习的基础课程类似,因此它们的就业方向有很多是重叠的。当然,由于专业课的侧重点不同,就业方向还是有一定区别的。

这里介绍的是大致的就业方向,因为社会和经济发展迅速,各单位的工作性质和工作范围也在调整。比如一些水电设计单位,之前都是建设陆地上的工程,但是现在随着海上能源利用开发项目越来越多,这些单位也开始从事涉海项目的工作,也会需要海洋工程专业方面的人才。另外,随着社会多样化的发展,学生的就业思路更开阔,更追求个性化的发展。因此,这里的介绍仅起到抛砖引玉的作用,学生可以根据自己的所学知识和兴趣爱好,结合自己的职业规划,选择适合自己的职业。总体来讲,各专业学生可从事管理、教学、科研、设计、施工、建造等方面的工作,将来可能会成为结构工程师、监理工程师、造价工程师、计划工程师、研究员、教授、咨询师、验船师等。

➡➡**从事行业管理方面的工作**

国家职能部门需要拥有各种专业技术的管理人员,因此海洋工程专业的学生可以进入交通运输部、省交通运输厅、市交通委员会等国家及沿海省市交通、水利等职能部门从事管理工作。

另外,港口航道与海岸工程专业和海洋资源(海洋空间资源)利用专业的学生还可以进入规划局、港口集团等从事规划、建设和运营的管理工作。

船舶与海洋工程和海洋工程与技术专业的学生亦可进入海事局、海关、国内外船级社、海上保险和海事仲裁等部门,从事航运、管理、检验、咨询和仲裁等方面的工作。

➡➡**从事设计、建造和制造方面的工作**

　　港口航道与海岸工程专业和海洋资源（海洋空间资源）利用专业主要培养工程设计和建设方面的人才。开展港口、海岸工程、围填海工程等相关的设计和施工、建设单位，包括中国交通建设集团有限公司各大设计院、工程局、沿海省市交通规划设计院、沿海城市地方涉海工程设计院等，是该专业毕业生的就业去向单位。一些水电设计院亦开展海上能源的开发建设，也是该专业毕业生的就业去向单位。还有很多涉海地方设计院，比如大连理工大学土木建筑工程设计院有限公司等。

　　船舶与海洋工程专业和海洋工程与技术专业主要培养的是海上设备或装备的设计和制造方面的人才，可以进入船舶与海洋工程设计研究单位从事船舶和海洋工程设计、研究、制造和管理等工作。这些单位也有很多，包括中国船舶集团有限公司及其下属科研院所、企业单位和上市公司等，中国海洋石油总公司、中国石油天然气集团有限公司及其旗下的研究院和生产单位，各船舶集团公司及其下属船舶公司、船厂等相关企业的研究和生产部门等。

　　海洋工程各专业的学生还可以进入与所学专业相近

行业的规划、勘测、设计、研究、施工和管理等单位工作。

➡➡**从事教学和科学研究等方面的工作**

海洋工程各专业学生可以根据自己的爱好和自我发展规划,选择继续深造,攻读硕士学位、博士学位、出国留学等,毕业后可进入相关专业的高校和科研单位从事教学和科学研究工作。

后　记

白日依山尽，黄河入海流。

欲穷千里目，更上一层楼。

——王之涣

　　浩瀚的海洋充满了太多的未知，也蕴含着丰富的资源。人们探索海洋、开发和利用海洋资源的步伐只会越来越大。因此，加强海洋工程人才梯队建设，做好海洋工程人才储备工作，保证海洋工程专业的大学生充分就业，打造海洋工程人才基本队伍，在工作实践中培养管理人才、技术人才、建设人才，是实现海洋强国的必由之路。作为开发利用海洋资源的先头兵，海洋工程专业发展大有前途。

　　海洋工程专业培养的人才，可以说是工科专业中知识面比较广的。不管是偏工程专业,还是偏装备专业的人才,由于学习了工程建设和装备设计制造方面的知识,可以从事陆地相关工程和装备的研发、设计和建造工作;又由于拥有海上水环境及其影响方面的知识,也可以从事海上工程和装备的设计和建造工作。也就是说,海洋工程专业培养的人才,既能"陆上跑"又能"海中游",是工程建设和装备研发的旗手。

本书对于海洋工程的分类、涉及的工作内容、专业图谱、发展前景等进行了简单的介绍,读者可对海洋工程领域有一个初步的了解。希望书中的内容能起到抛砖引玉的作用,读者可以举一反三,更广泛和更深入地了解海洋工程,从而喜欢上海洋工程专业。

随着人们对海洋的认识不断加深,对海洋资源开发利用的不断深入,新技术、新装备、新装置亦会得到充分发展。

"可上九天揽月,可下五洋捉鳖,谈笑凯歌还。世上无难事,只要肯登攀。"愿与有志于海洋工程事业的人共勉。

参考文献

［1］ 科尔蒂斯·K.库珀.海洋工程基础[M].船海书局,
译.上海:上海交通大学出版社,2018.

［2］ 李家春.海洋工程研究进展与展望[J].力学学报,
2019,51(6):1587-1588.

［3］ 刘伟民,刘蕾,陈凤云,等.中国海洋可再生能源技
术进展[J].科技导报,2020,38(14),27-39.

［4］ 卢鹏,李志军.中国在北极航行中面临的海岸与海
洋工程问题[A].中国海洋工程学会.第十七届中
国海洋(岸)工程学术讨论会论文集(上)[C].中国
海洋工程学会:中国海洋学会海洋工程分会,
2015:6.

［5］ 潘云鹤,唐启升.中国海洋工程与科技发展战略研

132

究:综合研究卷[M].北京:海洋出版社,2014.

[6] 项锦文.李华军院士:创新海洋工程科技 发展海洋新兴产业[J].高科技与产业化,2020(9):25-27.

[7] 薛鸿超.海岸及近海工程[M].北京:中国环境科学出版社,2003.

[8] 杨建民,肖龙飞,盛振邦.海洋工程水动力学试验研究[M].上海:上海交通大学出版社,2008.

[9] 杨薇,栾维新,曹月朦,等.借鉴"航天工程"经验推进"深海工程"建设[J].科技管理研究,2020,40(13):111-119.

[10] 张大刚.深海浮式结构设计基础[M].哈尔滨:哈尔滨工程大学出版社,2012.

[11] 左其华,窦希萍,等.中国海岸工程进展[M].北京:海洋出版社,2014.

"走进大学"丛书拟出版书目

什么是机械？ 邓宗全 中国工程院院士
哈尔滨工业大学机电工程学院教授（作序）

王德伦 大连理工大学机械工程学院教授
全国机械原理教学研究会理事长

什么是材料？ 赵　杰 大连理工大学材料科学与工程学院教授
宝钢教育奖优秀教师奖获得者

什么是能源动力？
尹洪超 大连理工大学能源与动力学院教授

什么是电气？ 王淑娟 哈尔滨工业大学电气工程及自动化学院院长、教授
国家级教学名师

聂秋月 哈尔滨工业大学电气工程及自动化学院副院长、教授

什么是电子信息？
殷福亮 大连理工大学控制科学与工程学院教授
入选教育部"跨世纪优秀人才支持计划"

什么是自动化？ 王　伟 大连理工大学控制科学与工程学院教授
国家杰出青年科学基金获得者（主审）

王宏伟 大连理工大学控制科学与工程学院教授

王　东 大连理工大学控制科学与工程学院教授

夏　浩 大连理工大学控制科学与工程学院院长、教授

什么是计算机？ 嵩　天 北京理工大学网络空间安全学院副院长、教授
北京市青年教学名师

什么是土木？ 李宏男 大连理工大学土木工程学院教授
教育部"长江学者"特聘教授
国家杰出青年科学基金获得者
国家级有突出贡献的中青年科技专家

什么是水利？ 张　弛　大连理工大学建设工程学部部长、教授
　　　　　　　　　　教育部"长江学者"特聘教授
　　　　　　　　　　国家杰出青年科学基金获得者

什么是化学工程？
　　　　　　贺高红　大连理工大学化工学院教授
　　　　　　　　　　教育部"长江学者"特聘教授
　　　　　　　　　　国家杰出青年科学基金获得者
　　　　　　李祥村　大连理工大学化工学院副教授

什么是地质？ 殷长春　吉林大学地球探测科学与技术学院教授（作序）
　　　　　　曾　勇　中国矿业大学资源与地球科学学院教授
　　　　　　　　　　首届国家级普通高校教学名师
　　　　　　刘志新　中国矿业大学资源与地球科学学院副院长、教授

什么是矿业？ 万志军　中国矿业大学矿业工程学院副院长、教授
　　　　　　　　　　入选教育部"新世纪优秀人才支持计划"

什么是纺织？ 伏广伟　中国纺织工程学会理事长（作序）
　　　　　　郑来久　大连工业大学纺织与材料工程学院二级教授
　　　　　　　　　　中国纺织学术带头人

什么是轻工？ 石　碧　中国工程院院士
　　　　　　　　　　四川大学轻纺与食品学院教授（作序）
　　　　　　平清伟　大连工业大学轻工与化学工程学院教授

什么是交通运输？
　　　　　　赵胜川　大连理工大学交通运输学院教授
　　　　　　　　　　日本东京大学工学部 Fellow

什么是海洋工程？
　　　　　　柳淑学　大连理工大学水利工程学院研究员
　　　　　　　　　　入选教育部"新世纪优秀人才支持计划"
　　　　　　李金宣　大连理工大学水利工程学院副教授

什么是航空航天？
　　　　　　万志强　北京航空航天大学航空科学与工程学院副院长、教授
　　　　　　　　　　北京市青年教学名师
　　　　　　杨　超　北京航空航天大学航空科学与工程学院教授
　　　　　　　　　　入选教育部"新世纪优秀人才支持计划"
　　　　　　　　　　北京市教学名师

什么是环境科学与工程？
　　　　　陈景文　大连理工大学环境学院教授
　　　　　　　　　教育部"长江学者"特聘教授
　　　　　　　　　国家杰出青年科学基金获得者

什么是生物医学工程？
　　　　　万遂人　东南大学生物科学与医学工程学院教授
　　　　　　　　　中国生物医学工程学会副理事长（作序）
　　　　　邱天爽　大连理工大学生物医学工程学院教授
　　　　　　　　　宝钢教育奖优秀教师奖获得者
　　　　　刘　蓉　大连理工大学生物医学工程学院副教授
　　　　　齐莉萍　大连理工大学生物医学工程学院副教授

什么是食品科学与工程？
　　　　　朱蓓薇　中国工程院院士
　　　　　　　　　大连工业大学食品学院教授

什么是建筑？　齐　康　中国科学院院士
　　　　　　　　　东南大学建筑研究所所长、教授（作序）
　　　　　唐　建　大连理工大学建筑与艺术学院院长、教授
　　　　　　　　　国家一级注册建筑师

什么是生物工程？
　　　　　贾凌云　大连理工大学生物工程学院院长、教授
　　　　　　　　　入选教育部"新世纪优秀人才支持计划"
　　　　　袁文杰　大连理工大学生物工程学院副院长、副教授

什么是农学？　陈温福　中国工程院院士
　　　　　　　　　沈阳农业大学农学院教授（作序）
　　　　　于海秋　沈阳农业大学农学院院长、教授
　　　　　周宇飞　沈阳农业大学农学院副教授
　　　　　徐正进　沈阳农业大学农学院教授

什么是医学？　任守双　哈尔滨医科大学马克思主义学院教授

什么是数学？　李海涛　山东师范大学数学与统计学院教授
　　　　　赵国栋　山东师范大学数学与统计学院副教授

什么是物理学？孙　平　山东师范大学物理与电子科学学院教授
　　　　　李　健　山东师范大学物理与电子科学学院教授

什么是化学？	陶胜洋	大连理工大学化工学院副院长、教授
	王玉超	大连理工大学化工学院副教授
	张利静	大连理工大学化工学院副教授
什么是力学？	郭　旭	大连理工大学工程力学系主任、教授
		教育部"长江学者"特聘教授
		国家杰出青年科学基金获得者
	杨迪雄	大连理工大学工程力学系教授
	郑勇刚	大连理工大学工程力学系副主任、教授
什么是心理学？	李　焰	清华大学学生心理发展指导中心主任、教授（主审）
	于　晶	辽宁师范大学教授
什么是哲学？	林德宏	南京大学哲学系教授
		南京大学人文社会科学荣誉资深教授
	刘　鹏	南京大学哲学系副主任、副教授
什么是经济学？	原毅军	大连理工大学经济管理学院教授
什么是社会学？	张建明	中国人民大学党委原常务副书记、教授（作序）
	陈劲松	中国人民大学社会与人口学院教授
	仲婧然	中国人民大学社会与人口学院博士研究生
	陈含章	中国人民大学社会与人口学院硕士研究生
		全国心理咨询师（三级）、全国人力资源师（三级）
什么是民族学？	南文渊	大连民族大学东北少数民族研究院教授
什么是教育学？	孙阳春	大连理工大学高等教育研究院教授
	林　杰	大连理工大学高等教育研究院副教授
什么是新闻传播学？		
	陈力丹	中国人民大学新闻学院荣誉一级教授
		中国社会科学院高级职称评定委员
	陈俊妮	中国民族大学新闻与传播学院副教授
什么是管理学？	齐丽云	大连理工大学经济管理学院副教授
	汪克夷	大连理工大学经济管理学院教授
什么是艺术学？	陈晓春	中国传媒大学艺术研究院教授